SITZUNGSBERICHTE DER SÄCHSISCHEN AKADEMIE
DER WISSENSCHAFTEN ZU LEIPZIG

Mathematisch-naturwissenschaftliche Klasse
Band 119 · Heft 5

HARALD HILBIG

EXISTENZSÄTZE FÜR EINIGE TOTWASSERPROBLEME DER HYDRODYNAMIK

Mit 21 Abbildungen

AKADEMIE-VERLAG BERLIN

1987

Vorgetragen in der Sitzung am 14. Dezember 1984
von Herrn Beckert
Manuskript eingereicht am 15. Mai 1985
Druckfertig erklärt am 19. Februar 1987

ISBN 3-05-500331-4
ISSN 0371-327 X

Erschienen im Akademie-Verlag Berlin, DDR - 1086 Berlin, Leipziger Straße 3—4

Printed in the German Democratic Republic
Lizenznummer: 202 · 100/381/87
Gesamtherstellung: VEB Druckhaus „Maxim Gorki", 7400 Altenburg
LSV 1125
Bestellnummer: 763 646 0 (2027/119/5)

01400

In den letzten 20 Jahren wurden in Leipzig von H. Beckert und seinen Schülern eine Reihe von freien Randwertproblemen der Hydrodynamik untersucht (H. Beckert [2, 3, 4, 5], K. Beyer [8, 9], E. Zeidler [35, 36, 37, 38, 39, 40] H. Hilbig [16, 17]). Eines dieser Probleme ist das auf Helmholtz zurückgehende Problem der Umströmung von Hindernissen mit Totwassergebiet, in dem die Flüssigkeit ruht und das von der Strömung durch unbekannte freie Linien abgegrenzt wird.

In der vorliegenden Arbeit werden unter Anwendung des Leray-Schauderschen Fixpunktsatzes Existenzsätze für die Strömung mit Totwassergebiet um zwei Hindernisse in einer unbegrenzten Strömung bzw. für die Strömung um ein Hindernis in einem Kanal, die bezüglich einer Geraden durch den Staupunkt symmetrisch ist, bewiesen. Der erste mit dieser Methode arbeitende Existenzsatz wurde von Leray [21] für die Umströmung eines Hindernisses in einer unbegrenzten Strömung erbracht.

Im ersten Teil dieser Arbeit werden in einer idealen, inkompressiblen, wirbelfreien ebenen Flüssigkeitsströmung zwei Hindernisse betrachtet, hinter denen sich ins Unendliche erstreckende Totwassergebiete ausbilden. Jedes der Totwassergebiete ist von dem Hindernis und unbekannten freien Linien begrenzt, die durch konstanten Geschwindigkeitsbetrag gekennzeichnet sind. Das Problem besteht im Auffinden einer schlichten konformen Abbildung eines Halbkreisringes auf das Strömungsgebiet, so daß die beiden Halbkreise des Ringgebietes in Kurven mit vorgegebenen Tangentenwinkeln und Längen sowie gegebener gegenseitiger Lage übergehen. Die konforme Abbildung ist bestimmt, wenn zwei Fixpunktgleichungen für zwei Funktionen $l(s)$ und $l_1(s)$ bestehen, die die Abbildung der Halbkreise des Kreisringes auf Punkte der Hindernisse mit den Bogenlängen l und l_1 vermitteln. Zur Bestimmung der Längen der Hindernisse erhält man eine weitere Fixpunktgleichung für einen Parameter des Halbkreisringes. Da in der konformen Abbildung nur noch ein Parameter unbestimmt bleibt, kann die gegenseitige Lage der beiden Hindernisse nur durch den vertikalen Abstand zweier Endpunkte festgelegt werden. Die Schlichtheit der konformen Abbildung wird für Profile gesichert, die beide konvex bzw. konkav gegen die Strömungsrichtung im Unendlichen liegen. Der Nachweis der Existenz einer Lösung der Fixpunktgleichungen beruht auf der Theorie des Abbildungsgrades für vollstetige Operatoren. A-priori-Schranken der eventuellen Lösungen können nach einer von LERAY für die Umströmung eines Hindernisses stammenden Methode gefunden werden. Da der Totalindex der Lösungen der Fixpunktgleichungen für die Umströmung zweier geradliniger Hindernisse in einem Symmetriefall von Null verschieden ist, folgt die Existenz einer Lösung des Totwasserproblems.

Im zweiten Teil werden Totwasserströmungen um ein Hindernis in einem Kanal untersucht, die bezüglich einer zur Strömungsrichtung im Unendlichen parallelen Geraden durch den Staupunkt symmetrisch sind. Es ist dann möglich, sich auf eine Hälfte des Strömungsgebietes zu beschränken. Man kann das Problem betrachten, daß sich das Totwassergebiet ins Unendliche erstreckt (Helmholtz-Problem), und das Problem, daß das Totwassergebiet entweder beschränkt ist oder sich ins Unendliche erstreckt (schlichtes Totwasserproblem). Im letzteren Fall soll die freie Linie in hinreichender Entfernung vom Hindernis oberhalb der Symmetrieachse verlaufen. Für ein endliches Totwassergebiet ist die Geschwindigkeit auf der freien Linie unbekannt, für ein unendliches Totwassergebiet gleich der Geschwindigkeit im Unendlichen. Zur Lösung dieser Probleme ist eine konforme Abbildung zu finden, die einen Halbkreis auf ein Gebiet abbildet, dessen Rand aus dem gegebenen Hindernis und der gegebenen Kanalwand mit der Breite H im Unendlichen besteht. Aus diesen Bedingungen ergeben sich Fixpunktgleichungen für zwei Funktionen $l(s)$ und $l_1(s)$, die die Abbildung des Halbkreises auf den Punkt des Hindernisses bzw. der Wand mit der Bogenlänge l bzw. l_1 vermitteln, und für Parameter des Halbkreises, die die Länge des Hindernisses und die Kanalbreite charakterisieren. Eine weitere Fixpunktgleichung ergibt sich beim schlichten Totwasserproblem aus der Bedingung, daß die freie Linie im Unendlichen oberhalb der reellen Achse liegen soll. Mit Hilfe von Vergleichssätzen, die von SERRIN [25] für den Fall der Umströmung eines Hindernisses in einer unbegrenzten Strömung hergeleitet wurden, ergeben sich Eigenschaften über den Verlauf der freien Linien und Abschätzungen für die Geschwindigkeit auf Hindernis und Kanalwand bezüglich Strömungen in Gebieten mit bekannten Rändern. Nachdem durch eine Zwischenabbildung die Nullwinkel am Rand des Strömungsgebietes beseitigt sind, erlauben diese Eigenschaften und ein Satz von WARSCHAWSKI über das Verhalten der Ableitung der Abbildungsfunktion bei konformer Abbildung, A-priori-Eigenschaften für die Funktionen $l(s)$ und $l_1(s)$ herzuleiten. Daraus ergeben sich A-priori-Schranken für die eventuellen Lösungen der Fixpunktgleichungen, und die Theorie des Abbildungsgrades liefert die Existenz mindestens einer Lösung der Probleme.

INHALT

TEIL I. TOTWASSERSTRÖMUNGEN UM ZWEI VORGEGEBENE HINDERNISSE

1. Problemstellung und konforme Abbildung des Strömungsgebietes

1.1. Problemstellung

In einer idealen, inkompressiblen, wirbelfreien, ebenen Flüssigkeitsströmung befinden sich 2 Hindernisse. Die Flüssigkeit trifft in Staupunkten O bzw. O' auf die Hindernisse, umströmt sie und bildet hinter ihnen Totwassergebiete, in denen die Flüssigkeit ruht. Die Totwasser sollen sich bis ins Unendliche erstrecken. Sie werden vom Strömungsgebiet durch Linien abgegrenzt, die sich aus den beiden durch die Staupunkte O bzw. O' getrennten Teilen ω_1, ω_2 bzw. ω_1', ω_2' der Kontur der Hindernisse und den freien Linien λ_1, λ_2 bzw. λ_1', λ_2' zusammensetzen (Abb. 1). Der Staupunkt O sei der Ursprung eines rechtwinkligen Koordinatensystems, dessen x-Achse in Richtung der Strömung im Un-

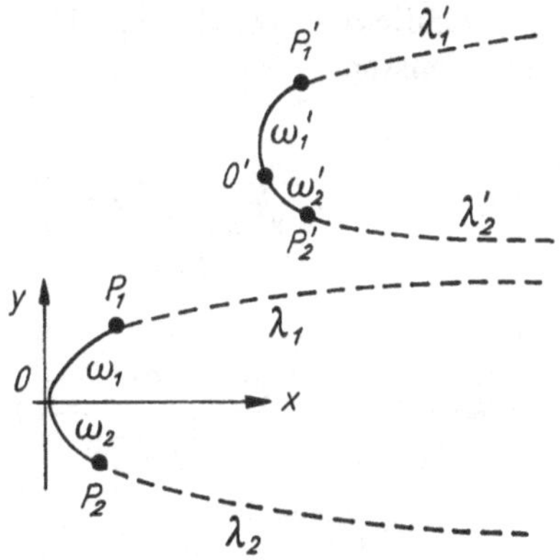

Abb. 1

endlichen liege. Sind u und v die Komponenten der Geschwindigkeit mit dem Betrag $V = 1$ im Unendlichen, so gilt bis auf die Totwasser $u_\infty = 1$, $v_\infty = 0$. Die Totwasser sind Gebiete konstanten Druckes p_0. Ist die Dichte der Flüssigkeit 1, so folgt aus der Bernoullischen Gleichung $p = -V^2/2 + \text{const}$ und der Stetigkeit des Druckes, daß auf den freien Linien $V = 1$ gilt.

Für Potentialströmungen existiert ein Geschwindigkeitspotential φ und eine Stromfunktion ψ mit den Beziehungen

$$u = \frac{\partial \varphi}{\partial x} = \frac{\partial \psi}{\partial y}, \qquad v = \frac{\partial \varphi}{\partial y} = -\frac{\partial \psi}{\partial x}.$$

Sie sind bis auf Konstanten bestimmt, die so gewählt seien, daß im Staupunkt O beide verschwinden. Die Begrenzungen der Totwasser sind Stromlinien, auf ihnen gilt daher $\psi = 0$ bzw. $\psi = \psi_1$. Das komplexe Potential $f = \varphi + i\psi$ ist eine im Strömungsgebiet reguläre Funktion der Variablen $z = x + iy$; $df/dz = w = u - iv$ stellt den an der reellen Achse gespiegelten Geschwindigkeitsvektor dar. Ist s die Bogenlänge einer der von O bzw. O' ausgehenden Begrenzungslinien der Totwasser, so gilt wegen $\frac{dx}{ds} = \frac{u}{V}$, $\frac{dy}{ds} = \frac{v}{V}$ auf ihnen

$$\frac{d\varphi}{ds} = \frac{\partial \varphi}{\partial x}\frac{dx}{ds} + \frac{\partial \varphi}{\partial y}\frac{dy}{ds} = V > 0,$$

so daß die Funktion φ auf ihnen monoton von 0 bzw. von einem Wert φ_1 bis ins Unendliche wächst. Dem Strömungsgebiet entspricht in der f-Ebene des komplexen Potentials das in Abb. 2 dargestellte Gebiet D; dabei sind f_1, f_2, f_1', f_2' die Werte des Geschwindigkeitspotentials in den Ablösungspunkten der freien Linien von den Hindernissen.

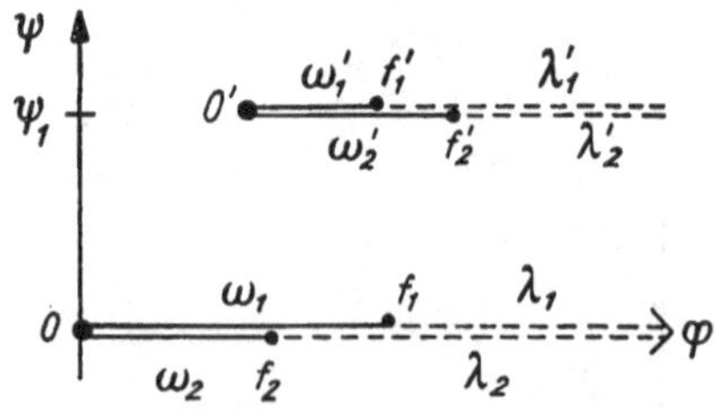

Abb. 2

Es kann das folgende Problem (Totwasserproblem) gestellt werden: Es ist eine konforme Abbildung des Gebietes D auf ein Gebiet der z-Ebene zu bestimmen, dessen Grenzen von zwei vorgegebenen Kurven mit den vorgegebenen Längen b bzw. b_1 und einem vorgegebenen vertikalen Abstand k der beiden Punkte P_1 und P_2' und von unbekannten freien Linien begrenzt wird. Die freien Linien sind Stromlinien und verbinden die äußersten Punkte der vorgegebenen Kurven mit dem Unendlichen, auf ihnen gilt $|dz/df| = 1$. Die Abbildung läßt den unendlich fernen Punkt und die Richtung in diesem Punkt fest.

1.2. *Konforme Abbildung*

Durch die Funktion $f(F)$ mit $\frac{df}{dF} = A\,\frac{(F - a_0)(F - a_0')}{F - b}$ wird das Gebiet D zunächst auf die obere F-Halbebene abgebildet; es ist $A > 0$, $d < a_0 < -1 < b < 1 < a_0' < e$ (Abb. 3),

$$f(F) = A\left[\frac{1}{2}F^2 + (b - a_0 - a_0')\,F + (b - a_0')(b - a_0)\ln(F - b)\right] + c + ic'$$

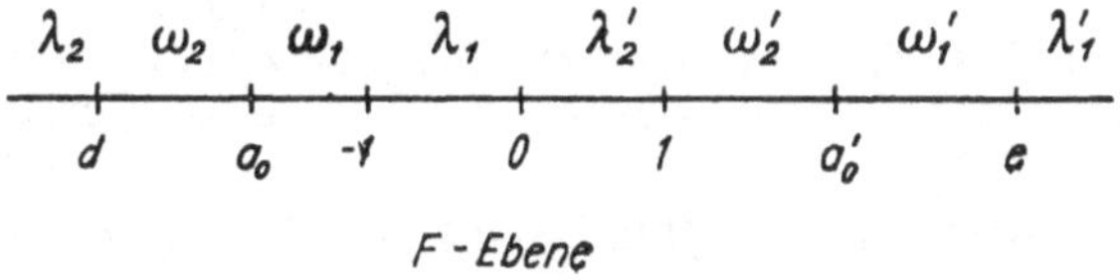

Abb. 3

Setzt man $c' = -A(b - a_0)(b - a_0')\,\pi$, so ist $\operatorname{Im} f = 0$ für $-\infty < F < a_0$, während $\operatorname{Re} f$ monoton von ∞ bis zu einem Minimum, das 0 gesetzt wird, fällt:

$$A\left[\frac{1}{2}a_0^2 + (b - a_0 - a_0')\,a_0 + (b - a_0)(b - a_0')\ln(b - a_0)\right] + c = 0.$$

Die Abbildungsfunktion lautet dann

$$\begin{aligned} f(F) &= A\left[\frac{1}{2}(F^2 - a^2{}_0) + (b - a_0 - a_0')(F - a_0) + (b - a_0)(b - a_0')\right. \\ &\qquad \left.\times \ln\frac{F - b}{b - a_0} - i(b - a_0)(b - a_0')\,\pi\right] \\ &= A\left[\frac{1}{2}(F - a_0)^2 + (b - a_0')(F - a_0') + (b - a_0)(b - a_0')\right. \\ &\qquad \left.\times \ln\frac{F - b}{b - a_0} - i(b - a_0)(b - a_0')\,\pi\right]. \end{aligned}$$

Für $F = d$ wird dabei der Wert f_2 erreicht. Im Intervall $a_0 < F < b$ ist $\operatorname{Im} f = 0$, während $\operatorname{Re} f$ von 0 bis ∞ monoton wächst, wobei sich für $F = -1$ der Wert f_1 ergibt. Im Intervall $b < F < a_0'$ fällt $\operatorname{Re} f$ monoton von ∞ bis zu einem Minimum, das φ_1 gesetzt wird, während $\operatorname{Im} f = c'$ gilt. Für $F = 1$ wird dabei der Wert f_2' erreicht. Schließlich wächst $\operatorname{Re} f$ im Intervall $a_0' < F < \infty$ monoton von φ_1 bis ∞, wobei sich für $F = e$ der Wert f_1' ergibt. Daraus folgen die 6 Gleichungen

$$f_2 = \frac{1}{2} A(d - a_0)^2 + A(b - a_0')(d - a_0) + A(b - a_0)(b - a_0') \ln \frac{b - d}{b - a_0},$$

$$f_1 = \frac{1}{2} A(-1 - a_0)^2 + A(b - a_0')(-a - a_0) + A(b - a_0)(b - a_0') \ln \frac{b + 1}{b - a_0},$$

$$f_2' = \frac{1}{2} A(1 - a_0)^2 + A(b - a_0')(1 - a_0) + A(b - a_0)(b - a_0') \ln \frac{1 - b}{b - a_0},$$

$$f_1' = \frac{1}{2} A(e - a_0)^2 + A(b - a_0')(e - a_0) + A(b - a_0')(b - a_0) \ln \frac{e - b}{b - a_0},$$

$$\varphi_1 = \frac{1}{2} A(a_0' - a_0)^2 + A(b - a_0')(a_0' - a_0) + A(b - a_0)(b - a_0') \ln \frac{a_0' - b}{b - a_0'},$$

$$\psi_1 = -A(b - a_0)(b - a_0')\pi,$$

durch die man die Parameter A, d, a_0, b, a_0', e aus den Werten $f_1, f_2, f_1', f_2', \varphi_1, \psi_1$ berechnen kann. Setzt man nämlich

$$X = \frac{b + 1}{b - a_0}, \quad Y = \frac{b - d}{b - a_0}, \quad U = \frac{1 - b}{b - a_0}, \quad Z = \frac{a_0' - b}{b - a_0}, \quad V = \frac{e - b}{b - a_0},$$

wobei $0 < X < 1$, $Y > 1$, $0 < U < Z < V$ gilt, so erhält man die Gleichungen

$$f_1 = \frac{\psi_1}{\pi}\left[\frac{(1 - X)^2}{2Z} - (1 - X) - \ln X\right],$$

$$f_2 = \frac{\psi_1}{\pi}\left[\frac{(1 - Y)^2}{2Z} - (1 - Y) - \ln Y\right],$$

$$f_1' = \frac{\psi_1}{\pi}\left[\frac{(1 + V)^2}{2Z} - (1 + V) - \ln V\right],$$

$$f_2' = \frac{\psi_1}{\pi}\left[\frac{(1 + U)^2}{2Z} - (1 + U) - \ln U\right],$$

$$\varphi_1 = \frac{\psi_1}{\pi}\left[\frac{(1 + Z)^2}{2Z} - (1 + Z) - \ln Z\right].$$

Die letzte Gleichung liefert zunächst genau ein Z und die übrigen Gleichungen dann X, Y, U, V mit $0 < X < 1$, $Y > 1$, $U < Z < V$. Daraus ergeben sich schließlich Werte für d, a_0, b, a_0', e, A mit $d < a_0 < 1 < b < a_0' < a$, $A > 0$.

Setzt man nun

$$u - \frac{1}{2}\gamma = \int\limits_{-\infty}^{F} \frac{\mathrm{d}F}{\sqrt{(F-d)\,(F^2-1)\,(F-e)}}$$

mit der Umkehrung

$$F = \frac{1}{2}\,\frac{\wp'\left(u-\frac{\gamma}{2}\right)-\wp'(\gamma)}{\wp\left(u-\frac{\gamma}{2}\right)-\wp(\gamma)} + \frac{d+e}{4},$$

so erhält man eine Abbildung der F-Halbebene auf ein Rechteck der u-Ebene, $2\hat{\omega}$ und $2\hat{\omega}'$ seien die Perioden der Weierstraßschen $\wp$-Funktion. Durch die Transformation

$$v = iu - i\hat{\omega}', \quad v = \omega + \omega' - \frac{\omega}{i\pi}\ln Z, \quad \omega = -i\hat{\omega}', \quad \omega' = i\hat{\omega}$$

ergibt sich in der Z-Ebene ein Halbkreisring (Abb. 4). Dabei entsprechen den beiden Hindernissen die Halbkreise mit den Radien 1 bzw. $q = e^{i\pi\tau}$, $\tau = \omega'/\omega$, während die freien Linien in die Segmente $-1 < Z < -q$ bzw. $q < Z < 1$ übergehen. Die Punkte e^{is_0}, $qe^{is_0'}$ sind die Bilder der beiden Staupunkte O, O', die Punkte X_1, X_2 die Bilder der im Unendlichen liegenden Schnittpunkte der freien Linien λ_1, λ_2' bzw. λ_1', λ_2.

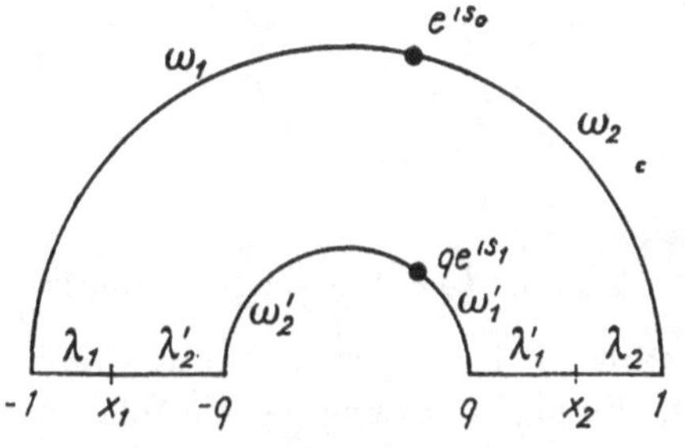

Abb. 4

Durch Zusammensetzen der durchgeführten Abbildungen ergibt sich

$$\frac{df}{dZ} = \frac{\omega}{i\pi}\,A\,\frac{\wp'^2\left(\omega' - \frac{\omega}{i\pi}\ln X_2\right)}{\wp\left(\omega' - \frac{\omega}{\pi}s_0\right) - \wp\left(\omega' - \frac{\omega}{i\pi}\ln X_2\right)}$$

$$\times \frac{\wp\left(\omega' - \frac{\omega}{i\pi}\ln X_1\right) - \wp\left(\omega' - \frac{\omega}{i\pi}\ln X_2\right)}{\wp\left(\frac{\omega}{\pi}s_1\right) - \wp\left(\omega' - \frac{\omega}{i\pi}\ln X_2\right)}$$

$$\times \frac{\wp\left(\omega' - \frac{\omega}{i\pi}\ln Z\right) - \wp\left(\omega' - \frac{\omega}{\pi}s_0\right)}{\left[\wp\left(\omega' - \frac{\omega}{i\pi}\ln Z\right) - \wp\left(\omega' - \frac{\omega}{i\pi}\ln X_2\right)\right]^3}$$

$$\times \frac{\wp\left(\omega' - \frac{\omega}{i\pi}\ln Z\right) - \wp\left(\frac{\omega}{\pi}s_1\right)}{\wp\left(\omega' - \frac{\omega}{i\pi}\ln Z\right) - \wp\left(\omega' - \frac{\omega}{i\pi}\ln X_1\right)} \frac{\wp\left(\omega' - \frac{\omega}{i\pi}\ln Z\right)}{Z}. \qquad (1.1)$$

Für den Fluß ψ_1 zwischen λ_1 und λ_2' folgt

$$\psi_1 = A\pi \frac{\wp'^2\left(\omega' - \frac{\omega}{i\pi}\ln X_2\right)}{\left[\wp\left(\omega' - \frac{\omega}{\pi}s_0\right) - \wp\left(\omega' - \frac{\omega}{i\pi}\ln X_2\right)\right]\left[\wp\left(\frac{\omega}{\pi}s_1\right) - \wp\left(\omega' - \frac{\omega}{i\pi}\ln X_2\right)\right]}$$

$$\frac{\wp\left(\omega' - \frac{\omega}{i\pi}\ln X_1\right) - \wp\left(\omega' - \frac{\omega}{\pi}s_0\right)}{\wp\left(\omega' - \frac{\omega}{i\pi}\ln X_1\right) - \wp\left(\omega' - \frac{\omega}{i\pi}\ln X_2\right)} \frac{\wp\left(\omega' - \frac{\omega}{i\pi}\ln X_1\right) - \wp\left(\frac{\omega}{\pi}s_1\right)}{\wp\left(\omega' - \frac{\omega}{i\pi}\ln X_1\right) - \wp\left(\omega' - \frac{\omega}{i\pi}\ln X_2\right)}. \qquad (1.2)$$

1.3. Die komplexe Geschwindigkeit

Die komplexe Geschwindigkeit w ist ebenso wie $f(z)$ eine reguläre Funktion im Strömungsgebiet. Durch Einführung der Umkehrfunktion von $f(z)$ wird sie eine reguläre Funktion im Gebiet D bzw. im Halbkreisring der Z-Ebene.

Wird durch $w = e^{i\omega}$ die Funktion $\omega(Z) = \vartheta(Z) + i\tau(Z)$ eingeführt, so gilt $u = e^\tau \cos\vartheta$, $v = e^\tau \sin\vartheta$, $V = e^\tau$, und $\omega(Z)$ ist eine reguläre Funktion im Halbkreisring. Der Realteil $\vartheta(Z)$ von $\omega(Z)$ stellt den Winkel der Geschwindigkeit in dem Z entsprechenden Punkt der Strömungsebene mit der reellen Achse dar. Da die Flüssigkeit im Unendlichen parallel zur reellen Achse strömt, gilt $\vartheta(X_1) = \vartheta(X_2) = 0$. Wegen $V = 1$ auf den freien Linien ist $\omega(Z)$ auf der reellen Achse reell, sie kann daher durch Spiegelung in die untere Z-Halbebene fortgesetzt werden, und man erhält eine im Ringgebiet $q < |Z| < 1$ reguläre Funktion.

2. Eigenschaften der Lösung des Dirichletschen Problems für den Kreisring

Eine in dem Kreisring $q < |Z| < 1$ reguläre Funktion $R(Z) = R_1 + iR_2$, deren Realteil auf den Kreisen $|Z| = 1$ und $|Z| = q$ die Randwerte $u(t)$ bzw. $v(t)$ besitzt, kann mit Hilfe der Villatschen Formel dargestellt werden:

$$R(Z) = \frac{i\omega}{\pi^2} \int_0^{2\pi} u(t) \left\{ \frac{\sigma'\left(\frac{\omega}{i\pi} \ln Z - \frac{\omega}{\pi}\, t\right)}{\sigma\left(\frac{\omega}{i\pi} \ln Z - \frac{\omega}{\pi}\, t\right)} + \left(\frac{1}{2\omega'} - \frac{\eta}{i\pi}\right) \ln Z \right\} dt$$

$$- \frac{i\omega}{\pi^2} \int_0^{2\pi} v(t) \left\{ \frac{\sigma_3'\left(\frac{\omega}{i\pi} \ln Z - \frac{\omega}{\pi}\, t\right)}{\sigma_3\left(\frac{\omega}{i\pi} \ln Z - \frac{\omega}{\pi t}\right)} + \left(\frac{1}{2\omega'} - \frac{\eta}{i\pi}\right) \ln Z \right\} dt. \tag{2.1}$$

Dabei sind 2ω und $2\omega'$ die Perioden der elliptischen Funktionen; 2ω ist reell, $2\omega'$ rein imaginär. Ihr Verhältnis τ, auf das es allein ankommt, wird durch

$$q = e^{i\pi \frac{\omega'}{\omega}}$$

bestimmt. Erfüllen die Randwerte die Bedingung

$$\int_0^{2\pi} u(t)\, dt = \int_0^{2\pi} v(t)\, dt, \tag{2.2}$$

so wird $R(Z)$ im Kreisring eindeutig. Der Imaginärteil R_2 ist bis auf eine Konstante eindeutig bestimmt.

Für den Imaginärteil R_2 erhält man für $Z = e^{is}$ die Darstellung

$$R_2(e^{is}) = -\frac{1}{\pi} \int_0^{2\pi} \{u(t) - u(s)\} \frac{d}{dt} \ln \left| \sigma \left[\frac{\omega}{\pi}\, (s - t)\right] \right| dt + \frac{2\omega\eta}{\pi^2}\, s u(s)$$

$$- \frac{\omega}{\pi^2} \int_0^{2\pi} v(t)\, \frac{\sigma_3'\left[\frac{\omega}{\pi}\, (s - t)\right]}{\sigma_3\left[\frac{\omega}{\pi}\, (s - t)\right]}\, dt. \tag{2.3}$$

Wegen

$$\frac{d}{dt}\ln\left|\sigma\left[\frac{\omega}{\pi}(s-t)\right]\right| = -\frac{\omega\eta}{\pi^2}(s-t) + \frac{d}{dt}\ln\left|\vartheta_1\left(\frac{s-t}{2\pi}\right)\right|$$

$$= -\frac{\omega\eta}{\pi^2}(s-t) - \cot\frac{s-t}{2} - 2\sum_{n=1}^{\infty}\frac{q^{2n}}{1-q^{2n}}\sin n(s-t),$$

$$\frac{\sigma_3'\left[\frac{\omega}{\pi}(s-t)\right]}{\sigma_3\left[\frac{\omega}{\pi}(s-t)\right]} = \frac{s-t}{\pi}\eta + \frac{1}{\omega}\sum_{n=1}^{\infty}(-1)^n\frac{q^n}{1-q^{2n}}\sin n(s-t)$$

folgt

$$R_2(e^{is}) = \frac{1}{\pi}\int_0^{2\pi}\{u(t)-u(s)\}\cot\frac{s-t}{2}\,dt$$

$$+\frac{\omega\eta}{\pi^3}\int_0^{2\pi}\{u(t)-u(s)\}(s-t)\,dt$$

$$+\frac{2}{\pi}\sum_{n=1}^{\infty}\frac{q^{2n}}{1-q^{2n}}\int_0^{2\pi}\{u(t)-u(s)\}\sin n(s-t)\,dt$$

$$-\frac{\omega\eta}{\pi^3}\int_0^{2\pi}(s-t)\,v(t)\,dt + \frac{2\omega\eta}{\pi^2}su(s)$$

$$-\frac{1}{\pi^2}\sum(-1)^n\frac{q^n}{1-q^{2n}}\int_0^{2\pi}v(t)\sin n(s-t)\,dt. \tag{2.4}$$

Falls die Randwerte neben (2.2) die Symmetriebedingungen

$$u(2\pi-t) = u(t), \quad v(2\pi-t) = v(t)$$

erfüllen, erhält man wegen $\frac{\sigma'(u)}{\sigma(u)} = \zeta(u)$ und

$$\frac{\sigma_3'(u)}{\sigma_3(u)} = -\eta' + \zeta(u+\omega')$$

die Darstellung

$$R(Z) = \frac{i\omega}{\pi^2}\int_0^\pi u(t)\left\{\zeta\left(\frac{\omega}{i\pi}\ln Z - \frac{\omega}{\pi}t\right) + \zeta\left(\frac{\omega}{i\pi}\ln Z + \frac{\omega}{\pi}t\right)\right\}dt$$

$$-\frac{i\omega}{\pi^2}\int_0^\pi v(t)\left\{\zeta\left(\frac{\omega}{i\pi}\ln Z - \frac{\omega}{\pi}t + \omega'\right) + \zeta\left(\frac{\omega}{i\pi}\ln Z + \frac{\omega}{\pi}t + \omega'\right) - 2\eta'\right\}dt$$

oder

$$R(Z) = \frac{i\omega}{\pi^2}\int_0^\pi u(t)\,P(w,t)\,dt - \frac{i\omega}{\pi^2}\int_0^\pi v(t)\,P_1(w,t)\,dt \tag{2.5}$$

mit $w = \frac{\omega}{i\pi}\ln Z$,

$$P(w,t) = \zeta\left(w - \frac{\omega}{\pi}t\right) + \zeta\left(w + \frac{\omega}{\pi}t\right) = -\frac{\pi}{\omega}\frac{d}{dt}\ln\frac{\sigma\left(w - \frac{\omega}{\pi}t\right)}{\sigma\left(w + \frac{\omega}{\pi}t\right)},$$

$$P_1(w,t) = \zeta\left(w - \frac{\omega}{\pi}t + \omega'\right) + \zeta\left(w + \frac{\omega}{\pi}t + \omega'\right) - 2\eta'$$

$$= -\frac{\pi}{\omega}\frac{d}{dt}\ln\frac{\sigma_3\left(w - \frac{\omega}{\pi}t\right)}{\sigma_3\left(w + \frac{\omega}{\pi}t\right)}.$$

Um Darstellungen des Imaginärteils R_2 für $Z = e^{is}$ bzw. $Z = qe^{is}$ zu erhalten, kann man wegen

$$\frac{i\omega}{\pi^2}\int_0^\pi P(w,t)\,dt = \frac{2\omega\eta}{\pi^2}\ln Z + 1,$$

$$\frac{i\omega}{\pi^2}\int_0^\pi P_1(w,t)\,dt = \frac{2\omega\eta}{\pi^2}\ln Z$$

$$R(Z) = \frac{i\omega}{\pi^2}\int_0^\pi \{u(t) - u(s)\}\,P(w,t)\,dt + u(s)\left[\frac{2\omega\eta}{\pi^2}\ln Z + 1\right]$$

$$-\frac{i\omega}{\pi^2}\int_0^\pi v(t)\,P_1(w,t)\,dt$$

bzw.

$$R(Z) = \frac{i\omega}{\pi^2}\int\limits_0^\pi u(t)\, P(w, t)\, dt - \frac{i\omega}{\pi^2}\int\limits_0^\pi [v(t) - v(s)]\, P_1(w, t)\, dt - v(s)\,\frac{2\omega\eta}{\pi^2}\ln Z$$

schreiben und daraus

$$R_2(e^{is}) = -\frac{1}{\pi}\int\limits_0^\pi [u(t) - u(s)]\,\frac{d}{dt}\ln\left|\frac{\sigma\left[\frac{\omega}{\pi}(s-t)\right]}{\sigma\left[\frac{\omega}{\pi}(s+t)\right]}\right| dt$$

$$+ \frac{2\omega\eta}{\pi^2}\, s u(s) + \frac{1}{\pi}\int\limits_0^\pi v(t)\,\frac{d}{dt}\ln\left|\frac{\sigma_3\left[\frac{\omega}{\pi}(s-t)\right]}{\sigma_3\left[\frac{\omega}{\pi}(s+t)\right]}\right| dt \qquad (2.6)$$

bzw.

$$R_2(qe^{is}) = -\frac{1}{\pi}\int\limits_0^\pi u(t)\,\frac{d}{dt}\ln\left|\frac{\sigma\left[\omega' + \frac{\omega}{\pi}(s-t)\right]}{\sigma\left[\omega' + \frac{\omega}{\pi}(s+t)\right]}\right| dt$$

$$+ \frac{1}{\pi}\int\limits_0^\pi [v(t) - v(s)]\,\frac{d}{dt}\ln\left|\frac{\sigma_3\left[\omega' + \frac{\omega}{\pi}(s-t)\right]}{\sigma_3\left[\omega' + \frac{\omega}{\pi}(s+t)\right]}\right| dt - \frac{2\omega\eta}{\pi^2}\, s v(s)$$

$$= -\frac{1}{\pi}\int\limits_0^\pi u(t)\,\frac{d}{dt}\ln\frac{\sigma_3\left[\frac{\omega}{\pi}(s-t)\right]}{\sigma_3\left[\frac{\omega}{\pi}(s+t)\right]}\, dt$$

$$+ \frac{1}{\pi}\int\limits_0^\pi [v(t) - v(s)]\,\frac{d}{dt}\ln\left|\frac{\sigma\left[\frac{\omega}{\pi}(s-t)\right]}{\sigma\left[\frac{\omega}{\pi}(s+t)\right]}\right| dt - \frac{2\omega\eta}{\pi^2}\, s v(s) \qquad (2.7)$$

erhalten. Wenn daher $u(t)$ bzw. $v(t)$ einer Hölder-Bedigung mit dem Exponenten μ $(0 < \mu < 1)$ genügen, so folgt dasselbe für die Funktionen $R_2(e^{is})$ bzw.

$R_2(qe^{is})$. Beachtet man, daß

$$\frac{\sigma\left[\frac{\omega}{\pi}(s-t)\right]}{\sigma\left[\frac{\omega}{\pi}(s+t)\right]} = e^{-\frac{2\omega\eta}{\pi^2}st}\,\frac{\vartheta_1\left(\frac{s-t}{2\pi}\right)}{\vartheta_1\left(\frac{s+t}{2\pi}\right)}, \qquad \frac{\sigma_3\left[\frac{\omega}{\pi}(s-t)\right]}{\sigma_3\left[\frac{\omega}{\pi}(s+t)\right]} = e^{-\frac{2\omega\eta}{\pi^2}st}\,\frac{\vartheta_0\left(\frac{s-t}{2\pi}\right)}{\vartheta_0\left(\frac{s+t}{2\pi}\right)}$$

gilt, so kann man aus den Formeln (2.6) und (2.7) noch

$$R_2(e^{is}) = -\frac{1}{\pi}\int_0^\pi [u(t)-u(s)]\,\frac{d}{dt}\ln\left|\frac{\vartheta_1\left(\frac{s-t}{2\pi}\right)}{\vartheta_1\left(\frac{s+t}{2\pi}\right)}\right| dt$$

$$+\frac{1}{\pi}\int_0^\pi v(t)\,\frac{d}{dt}\ln\frac{\vartheta_0\left(\frac{s-t}{2\pi}\right)}{\vartheta_0\left(\frac{s+t}{2\pi}\right)}\, dt \qquad (2.8)$$

bzw.

$$R_2(qe^{is}) = -\frac{1}{\pi}\int_0^\pi u(t)\,\frac{d}{dt}\ln\frac{\vartheta_0\left(\frac{s-t}{2\pi}\right)}{\vartheta_0\left(\frac{s+t}{2\pi}\right)}\, dt$$

$$+\frac{1}{\pi}\int_0^\pi [v(t)-v(s)]\,\frac{d}{dt}\ln\left|\frac{\vartheta_1\left(\frac{s-t}{2\pi}\right)}{\vartheta_1\left(\frac{s+t}{2\pi}\right)}\right| dt \qquad (2.9)$$

erhalten. Für die Spezialfälle $v(t) = k = \text{const}$ bzw. $u(t) = k = \text{const}$ folgt hieraus

$$R_2(e^{is}) = -\frac{1}{\pi}\int_0^\pi [u(t)-u(s)]\,\frac{d}{dt}\ln\left|\frac{\vartheta_1\left(\frac{s-t}{2\pi}\right)}{\vartheta_1\left(\frac{s+t}{2\pi}\right)}\right| dt \qquad (2.10)$$

bzw.

$$R_2(qe^{is}) = \frac{1}{\pi} \int_0^{\pi} [v(t) - v(s)] \frac{d}{dt} \ln \left| \frac{\vartheta_1\left(\frac{s-t}{2\pi}\right)}{\vartheta_1\left(\frac{s+t}{2\pi}\right)} \right| dt. \tag{2.11}$$

3. Aufstellen der Fixpunktgleichungen des Problems

3.1. Die unbestimmte Lösung

Wird eine in einem Halbkreisring $q' < |Z| < 1$ reguläre Funktion $\omega(Z)$ vorgegeben, die auf der reellen Achse reelle Werte mit $\vartheta(X_1) = \vartheta(X_2) = 0$ für $-1 < X_1 < -q$, $q < X_2 < 1$ besitzt, so liefert die Funktion $dz = e^{i\omega}\, df$ eine konforme Abbildung des Halbkreisringes auf ein Gebiet der z-Ebene. Die Bilder der Segmente $-1 < Z < -q$, $q < Z < 1$ sind Kurven, die sich ins Unendliche erstrecken, dort wegen $\vartheta(X_1) = \vartheta(X_2) = 0$ parallel zur x-Achse liegen und die Bedingung $|dz/df| = 1$ erfüllen. Diese Abbildung ist die Lösung des Totwasserproblems, wenn die Halbkreise $|Z| = 1$, $Y > 0$ bzw. $|Z| = q$, $Y > 0$ auf vorgegebene Hindernisse mit den Längen b bzw. b_1 abgebildet werden, der vertikale Abstand der Ablösungspunkte P_1 und P_2' den vorgegebenen Wert k hat und sich die freien Linien hinter den Hindernissen nicht schneiden.

Da die Funktion $\omega(Z)$ in $q < |Z| < 1$ eindeutig ist, gilt für die Randwerte $\vartheta(e^{is})$ bzw. $\vartheta(qe^{is})$ ihres Realteils

$$\int_0^{2\pi} \vartheta(e^{is})\, ds = \int_0^{2\pi} \vartheta(qe^{is})\, ds. \tag{3.1}$$

Wegen $\vartheta(e^{is}) = \vartheta(e^{-is})$, $\vartheta(qe^{is}) = \vartheta(qe^{-is})$ $(0 \leqq s \leqq \pi)$ folgt aus (2.5)

$$\omega(Z) = \frac{i\omega}{\pi^2} \int_0^{\pi} \vartheta(e^{it})\, P(w, t)\, dt - \frac{i\omega}{\pi^2} \int_0^{\pi} \vartheta(qe^{it})\, P_1(w, t)\, dt. \tag{3.2}$$

Der Imaginärteil $\tau(Z)$ ist bis auf eine Konstante eindeutig bestimmt; sie verschwindet, weil $\omega(Z)$ auf der reellen Achse reell sein muß.

Es seien l bzw. l_1 die von den Ablösungspunkten P_2 bzw. P_1' aus gemessenen Bogenlängen der beiden Hindernisse und $\psi(l)$, $\psi_1(l_1)$ die Hölder-stetig vorausgesetzten Winkel der Hindernisse mit der x-Achse. Jede Parallele zur x-Achse schneide die Hindernisse in höchstens einem Punkt bzw. einem Segment. Es gelte

$$0 < \psi(l) < \pi, \qquad 0 < \psi_1(l_1) < \pi. \tag{3.3}$$

Durch die konforme Abbildung des Halbkreises auf das Strömungsgebiet werden zwei Funktionen $l(s)$ bzw. $l_1(s)$ definiert, die die Zuordnung zwischen dem Punkt $Z = e^{is}$ bzw. $Z = qe^{is}$ und dem Punkt des Hindernisses mit der Bogenlänge l bzw. l_1 vermitteln; sie sind in $0 \leqq s \leqq \pi$ monoton wachsend.

Da $\vartheta(Z)$ der Winkel der Strömungsgeschwindigkeit in dem Z zugeordneten Punkt der z-Ebene ist, hat man

$$\vartheta(e^{is}) = \begin{cases} \psi[l(s)] - \pi & (0 \leqq s < s_0), \\ \psi[l(s)] & (s_0 < s \leqq \pi), \end{cases}$$

$$\vartheta(qe^{is}) = \begin{cases} \psi_1[l_1(s)] & (0 \leqq s < s_1), \\ \psi_1[l_1(s)] - \pi & (s_1 < s \leqq \pi). \end{cases}$$

Die Bedingung (3.1) liefert

$$\pi - s_0 - s_1 = \alpha, \qquad -\pi < \alpha < \pi \tag{3.4}$$

mit

$$\alpha = \frac{1}{\pi} \int_0^\pi \{\psi_1[l_1(s)] - \psi[l(s)]\}\, ds. \tag{3.5}$$

Der Parameter s_0 kann für $\alpha \geqq 0$ in $0 < s_0 < \pi - \alpha$ und für $\alpha < 0$ in $-\alpha < s_0 < \pi$ gewählt werden.

Bildet man die Funktion $\Omega(Z)$ mit den Randwerten $u(s) = \psi[l(s)] - \pi$ auf $Z = e^{is}$ $(0 \leqq s \leqq \pi)$, $v(s) = \psi_1[l_1(s)] - \pi - \alpha$ auf $Z = qe^{is}$ $(0 \leqq s \leqq \pi)$, $u(2\pi - s) = u(s)$, $v(2\pi - s) = v(s)$, so gilt wegen (3.4) und (3.5)

$$\int_0^\pi u(s)\, ds = \int_0^\pi v(s)\, ds,$$

und man hat nach (2.5)

$$\Omega(Z) = \frac{i\omega}{\pi^2} \int_0^\pi \{\psi[l(s)] - \pi\}\, P(w, s)\, ds - \frac{i\omega}{\pi^2} \int_0^\pi \{\psi_1[l_1(s)] - \pi - \alpha\}\, P_1(w, s)\, ds. \tag{3.6}$$

Wegen

$$\frac{t\omega}{\pi^2}\int_0^{s_0} P(w,t)\,dt = \frac{i}{\pi}\ln\frac{\sigma\left(w+\frac{\omega}{\pi}s_0\right)}{\sigma\left(w-\frac{\omega}{\pi}s_0\right)},$$

$$\frac{i\omega}{\pi^2}\int_{s_1}^{\pi} P_1(w,t)\,dt = \frac{i}{\pi}\ln\frac{\sigma_3\left(w-\frac{\omega}{\pi}s_1\right)}{\sigma_3\left(w+\frac{\omega}{\pi}s_1\right)} + \frac{2\omega\eta}{\pi^2}\ln Z$$

folgt

$$\omega(Z) = \Omega(Z) + i\ln\frac{\sigma\left(w-\frac{\omega}{\pi}s_0\right)}{\sigma\left(w+\frac{\omega}{\pi}s_0\right)} + i\ln\frac{\sigma_3\left(w-\frac{\omega}{\pi}s_1\right)}{\sigma_3\left(w+\frac{\omega}{\pi}s_1\right)} + \frac{2\omega\eta}{\pi^2}(s_0+s_1)\ln Z \tag{3.7}$$

oder

$$\omega(Z) = \Omega(Z) + i\ln\frac{\vartheta_1(u_0+iv)}{\vartheta_1(u_0-iv)}\frac{\vartheta_0(u_1+iv)}{\vartheta_0(u_1-iv)} \tag{3.8}$$

mit $v = \frac{1}{2\pi}\ln Z$, $u_0 = \frac{1}{2\pi}s_0$, $u_1 = \frac{1}{2\pi}s_1$.

$\Omega(Z)$ kann auch in der Gestalt

$$\Omega(Z) = \frac{i\omega}{\pi^2}\int_0^{\pi}\psi[l(s)]\left\{P(w,s) - \frac{2\eta}{i\pi}\ln Z\right\}ds - \frac{i\omega}{\pi^2}\int_0^{\pi}\psi_1[l_1(s)]\left\{P_1(w,s) - \frac{2\eta}{i\pi}\ln Z\right\}ds \tag{3.9}$$

geschrieben werden.

Setzt man

$$f_2(Z) = \frac{\sigma\left(w+\frac{\omega}{\pi}s_0\right)}{\sigma\left(w-\frac{\omega}{\pi}s_0\right)}\,\frac{\sigma_3\left(w+\frac{\omega}{\pi}s_1\right)}{\sigma_3\left(w-\frac{\omega}{\pi}s_1\right)}\,e^{i(s_0+s_1)\frac{2\omega\eta}{\pi^2}}\,f_1(Z), \tag{3.10}$$

so erhält man mit $dz/df = e^{i\omega}$, (1.1) und (3.7)

$$\frac{dz}{dZ} = A f_2(Z) \frac{1}{iZ} e^{i\Omega(Z)}. \tag{3.11}$$

Für $Z = e^{is}$ bzw. $Z = qe^{is}$ $(0 \leqq s \leqq \pi)$ folgt daraus durch Bildung des absoluten Betrages, daß diese Halbkreise auf Kurven mit den Bogenlängen $L(s)$, $L_1(s)$:

$$\frac{dL}{ds} = A e^{-T(e^{is})} f_2(e^{is}), \tag{3.12}$$

$$\frac{dL_1}{ds} = A e^{-T(qe^{is})} f_2(qe^{is}) \tag{3.13}$$

abgebildet werden. Durch Integration zwischen $s = 0$ und $s = \pi$ erhält man die Gesamtlängen B bzw. B_1 der Kurven:

$$B = A \int_0^\pi e^{-T(e^{is})} f_2(e^{is})\, ds, \tag{3.14}$$

$$B_1 = A \int_0^\pi e^{-T(qe^{is})} f_2(qe^{is})\, ds. \tag{3.15}$$

Dabei hat man für $T(e^{is})$ bzw. $T(qe^{is})$ nach (2.10) und (2.11) die Darstellungen

$$T(e^{is}) = -\frac{1}{\pi} \int_0^\pi \{\psi[l(t)] - \psi[l(s)]\} \frac{d}{dt} \ln \left| \frac{\vartheta_1\left(\frac{s-t}{2\pi}\right)}{\vartheta_1\left(\frac{s+t}{2\pi}\right)} \right| dt$$

$$+ \frac{1}{\pi} \int_0^\pi \psi_1[l_1(t)] \frac{d}{dt} \ln \frac{\vartheta_0\left(\frac{s-t}{2\pi}\right)}{\vartheta_0\left(\frac{s+t}{2\pi}\right)} dt, \tag{3.16}$$

$$T(qe^{is}) = -\frac{1}{\pi} \int_0^\pi \psi[l(t)] \frac{d}{dt} \ln \frac{\vartheta_0\left(\frac{s-t}{2\pi}\right)}{\vartheta_0\left(\frac{s+t}{2\pi}\right)} dt$$

$$+ \frac{1}{\pi} \int_0^\pi \{\psi_1[l(t)] - \psi_1[l(s)]\} \frac{d}{dt} \ln \left| \frac{\vartheta_1\left(\frac{s-t}{2\pi}\right)}{\vartheta_1\left(\frac{s+t}{2\pi}\right)} \right| dt. \tag{3.17}$$

Der vertikale Abstand K der beiden Ablösungspunkte P_1 und P_2' beträgt

$$K = A \int_{-1}^{-q} \sin \vartheta(\xi)\, f_1(\xi) \frac{d\xi}{i\xi} + \psi_1, \tag{3.18}$$

wobei ψ_1 durch Gleichung (1.2) bestimmt ist.

Die durch (3.11) gegebene Abbildung liefert eine Lösung des Totwasserproblems, wenn die Funktionen $l(s)$, $l_1(s)$ so gewählt sind, daß sie mit den durch (3.12) und (3.13) bestimmten Funktionen $L(s)$, $L_1(s)$ übereinstimmen, die Gesamtlängen B, B_1 der Bildkurven die vorgegebenen Werte b, b_1 und der vertikale Abstand K der beiden Ablösungspunkte P_1, P_2' den vorgegebenen Wert k haben.

3.2. Der Verlauf der freien Linien

Die Winkel der freien Linien mit der x-Achse werden durch die Werte der auf den Segmenten $-1 < X < -q$, $q < X < 1$ reellen Funktion $\omega(Z)$ bestimmt. Da sie in den Endpunkten dieser Segmente unterschiedliche Vorzeichen besitzt, existiert mindestens eine Nullstelle X_1 in $-1 < X < -q$ und mindestens eine Nullstelle X_2 in $q < X < 1$. Sind dies die einzigen Nullstellen, dann ist

$$\omega(X) > 0 \quad \text{in} \quad -1 < X < X_1, \qquad \omega(X) < 0 \quad \text{in} \quad X_1 < X < -q,$$

$$\omega(X) > 0 \quad \text{in} \quad q < X < X_2, \qquad \omega(X) < 0 \quad \text{in} \quad X_2 < X < 1,$$

und die freien Linien können sich hinter den Hindernissen stromabwärts nicht schneiden.

Satz. Sind die Hindernisse beide konvex bzw. beide konkav gegen die Strömung, dann ist $\omega(X)$ auf den Segmenten $-1 < X < -q$ und $q < X < 1$ monoton fallend.

Zwischen s_0 und den Nullstellen X_1, X_2 gelten Beziehungen der Form

$$\frac{\vartheta_1(\alpha_1 + iv_2)\vartheta_0(\alpha_1 + iv_2) - e^{i\Omega(X_2)}\,\vartheta_1(\alpha_1 - iv_2)\,\vartheta_0(\alpha_1 - iv_2)}{\vartheta_2(a_1 + iv_2)\vartheta_3(\alpha_1 + iv_2) - e^{i\Omega(X_2)}\,\vartheta_2(\alpha_1 - iv_2)\,\vartheta_3(\alpha_1 - iv_2)} = -\frac{\vartheta_1(u_0')\,\vartheta_0(u_0')}{\vartheta_2(u_0')\,\vartheta_3(u_0')}, \tag{3.19}$$

$$\frac{\vartheta_1(\alpha_1 + iv_1)\,\vartheta_0(\alpha_1 + iv_1) - e^{i\Omega(X_1)}\vartheta_1(\alpha_1 - iv_1)\,\vartheta_0(\alpha_1 - iv_1)}{\vartheta_2(\alpha_1 + iv_1)\,\vartheta_3(\alpha_1 + iv_1) - e^{i\Omega(X_1)}\vartheta_2(\alpha_1 - iv_1)\,\vartheta_3(\alpha_1 - iv_1)} = -\frac{\vartheta_1(u_0')\,\vartheta_0(u_0')}{\vartheta_2(u_0')\,\vartheta_3(u_0')} \tag{13.19'}$$

mit $\alpha_1 = \dfrac{\pi - \alpha}{4\pi}$, $u_0' = u_0 - \alpha_1$, $u_0 = \dfrac{s_0}{2\pi}$,

$$v_2 = \frac{1}{2\pi} \ln X_2 \quad \text{bzw.} \quad v_1 = \frac{i}{2} + \frac{1}{2\pi} \ln |X_1| .$$

Beweis. a) Es seien $\psi(l)$ monoton wachsend, $\psi_1[l_1]$ monoton fallend, $l(s)$ und $l_1(s)$ monoton wachsende, stetige Funktionen in $0 \leqq s \leqq \pi$. Um das Monotonieverhalten der Funktion $\omega(Z)$ für $q < Z < 1$ zu untersuchen, wird $v = 1/2\pi \ln Z$ gesetzt, es ist $i\tau/2 < v < 0$ für $q < Z < 1$. Nach den Formeln (3.8), (3.9) ist

$$\omega(Z) = S_1(v) + S_2(v) + S_3(v) + S_4(v)$$

mit

$$S_1(v) = \frac{i\omega}{\pi^2} \int_0^\pi \psi[l(s)] \{\zeta(t - 2i\omega v) - \zeta(t + 2i\omega v) + 4i\eta v\} \, ds - \pi,$$

$$S_2(v) = -\frac{i\omega}{\pi^2} \int_0^\pi \psi_1[l_1(s)] \{\zeta(t - 2i\omega v + \omega') - \zeta(t + 2i\omega v - \omega')$$
$$- 2\eta' + 4i\eta v\} \, ds,$$

$$S_3(v) = i \ln \frac{\vartheta_1(u_0 + iv)}{\vartheta_1(u_0 - iv)},$$

$$S_4(v) = i \ln \frac{\vartheta_0(u_1 + iv)}{\vartheta_0(u_1 - iv)}.$$

Da $\psi[l(s)]$ monoton ist, erhält man durch Differentiation und Anwenden des Mittelwertsatzes der Integralrechnung

$$\frac{dS_1}{dv} = \frac{2\omega^2}{\pi^2} [\psi[l(o)]] \int_0^{s_0} \left\{ -\wp(t - 2i\omega v) - \wp(t + 2i\omega v) - \frac{2\eta}{\omega} \right\} ds$$

$$+ \psi[l(\pi)] \int_{s_0'}^{\pi} \left\{ -\wp(t - 2i\omega v) - \wp(t + 2i\omega v) - \frac{2\eta}{\omega} \right\} ds$$

$$= \frac{2\omega}{\pi} \left[\psi[l(o)] - \psi[l(\pi)]\right] \left\{ \zeta(t_0' - 2i\omega v) + \zeta(t_0' + 2i\omega v) - \frac{2\eta}{\omega} t_0' \right\}.$$

Nun ist

$$\frac{d}{dv} \left\{ \zeta(t_0' - 2i\omega v) + \zeta(t_0' + 2i\omega v) - \frac{2\eta}{\omega} t_0' \right\} = 2\omega \frac{\wp'(t_0')\, i\wp'(2i\omega v)}{[\wp(t_0') - \wp(2i\omega v)]^2} > 0,$$

so daß in $i\tau/2 < v < 0$ gilt

$$\zeta(t_0' - 2i\omega v) + \zeta(t_0' + 2i\omega v) - \frac{2\eta}{\omega} t_0' > \zeta(t_0' + \omega') + \zeta(t_0' - \omega') - \frac{2\eta}{\omega} t_0'$$

Die rechte Seite dieser Ungleichung ist in $0 < t_0' < \omega$ nichtnegativ, da sie in den Randpunkten verschwindet und eine monoton fallende Ableitung besitzt. Insgesamt ergibt sich also $dS_1/dv < 0$.
In gleicher Weise folgt

$$\frac{dS_2}{dv} = -\frac{2\omega^2}{\pi^2} [\psi_1[l_1(o)] \int\limits_0^{s_1'} \left\{-\wp(t - 2i\omega v + \omega') - \wp(t + 2i\omega v - \omega') - \frac{2\eta}{\omega}\right\} ds$$

$$+ \psi_1(l_1(\pi)] \int\limits_{s_1',}^{\pi} \left\{-\wp(t - 2i\omega v + \omega') - \wp(t + 2i\omega v - \omega') - \frac{2\eta}{\omega}\right\} ds$$

$$= -\frac{2\omega}{\pi} [\psi_1[l_1(o)] - \psi_1[l_1(\pi)]]$$

$$\times \left\{\zeta(t_1' - 2i\omega v + \omega') + \zeta(t_1' + 2i\omega v - \omega') - \frac{2\eta}{\omega} t_1'\right\}.$$

Da

$$\frac{d}{dv} \left\{\zeta(t_1' - 2i\omega v + \omega') + \zeta(t_1' + 2i\omega v - \omega') - \frac{2\eta}{\omega} t_1'\right\}$$

$$= 2\omega \frac{\wp'(t_1')\, i\wp(2i\omega v - \omega')}{[\wp(t_1') - \wp(2i\omega v - \omega')]^2} < 0,$$

folgt

$$\zeta(t_1' - 2i\omega v + \omega') + \zeta(t_1' + 2i\omega v - \omega') - \frac{2\eta}{\omega} t_1'$$

$$> \zeta(t_1' + \omega') + \zeta(t_1' - \omega') - \frac{2\eta}{\omega} t_1' > 0.$$

Daher ist $dS_2/dv < 0$ wegen $\psi_1[l_1(o)] - \psi_1[l_1(\pi)] > 0$.
Für die übrigen beiden Summanden erhält man

$$\frac{dS_3}{dv} = -2\omega \left\{\zeta(t_0 + 2i\omega v) + \zeta(t_0 - 2i\omega v) - \frac{2\eta}{\omega} t_0\right\} < 0,$$

$$\frac{dS_4}{dv} = -2\omega \left\{\zeta(t_1 + 2i\omega v + \omega') + \zeta(t_1 - 2i\varphi v - \omega') - \frac{2\eta}{\omega} t_1\right\} < 0.$$

Die Funktion $\omega(Z)$ fällt also in $q < Z < 1$ monoton und besitzt daher genau eine Nullstelle X_2.

b) Im Intervall $-q > Z > -1$ sei $v = -i/2 + 1/2\pi \ln Z$ mit $i\tau/2 < v < 0$. Man erhält

$$\frac{dS_1}{dv} = \frac{2\omega}{\pi}\left[\psi[l(o)] - \psi[l(\pi)]\right]$$
$$\times \left\{\zeta(t_0'' + \omega - 2i\omega v) + \zeta(t_0'' - \omega + 2i\omega v) - \frac{2\eta}{\omega} t_0''\right\},$$

und wegen

$$\frac{d}{dv}\left\{\zeta(t_0'' + \omega - 2i\omega v) + \zeta(t_0'' - \omega + 2i\omega v) - \frac{2\eta}{\omega} t_0''\right\}$$
$$= 2\omega \frac{\wp'(t_0'')\, i\wp'(\omega - 2i\omega v)}{[\wp(t_0'') - \wp(\omega - 2i\omega v)]^2} < 0$$

folgt

$$\varphi(t_0'' + \omega - 2i\omega v) + \varphi(t_0'' - \omega + 2i\omega v) - \frac{2\eta}{\omega} t_0''$$
$$> \zeta(t_0'' + \omega) + \zeta(t_0'' - \omega) - \frac{2\eta}{\omega} t_0''$$

Als Funktion von t_0'' hat die rechte Seite der Ungleichung eine monoton fallende Ableitung in $0 < t_0'' < \omega$ und verschwindet in den Endpunkten. Daher gilt $dS_1/dv < 0$ in $i\tau/2 < v < 0$.

Analog ergibt sich

$$\frac{dS_2}{dv} = -\frac{2\omega}{\pi}\left[\psi_1[l_1(o) - \psi_1[l_1(\pi)]\right]$$
$$\times \left\{\zeta(t_1'' + \omega + \omega' - 2i\omega v) + \zeta(t_1'' - \omega - \omega' + 2i\omega v) - \frac{2\eta}{\omega} t_1''\right\},$$

und wegen

$$\frac{d}{dv}\left\{\zeta(t_1'' + \omega + \omega' - 2i\omega v) + \zeta(t_1'' - \omega - \omega' + 2i\omega v) - \frac{2\eta}{\omega} t_1''\right\}$$
$$= 2\omega \frac{\wp'(t_1'')\, i\wp'(\omega + \omega' - 2i\omega v)}{[\wp(t_1'') - \wp(\omega + \omega' - 2i\omega v)]^2} > 0$$

folgt

$$\zeta(t_1'' + \omega + \omega' - 2i\omega v) + \zeta(t_1'' - \omega - \omega' - 2i\omega v) - \frac{2\eta}{\omega} t_1''$$
$$> \zeta(t_1'' + \omega) + \zeta(t_1'' - \omega) - \frac{2\eta}{\omega} t_1'' > 0$$

und daraus $dS_2/dv < 0$ in $i\tau/2 < v < 0$.

Schließlich ist

$$\frac{dS_3}{dv} = -2\omega\left\{\zeta(t_0 + \omega - 2i\omega v) + \zeta(t_0 - \omega + 2i\omega v) - \frac{2\eta}{\omega}\,t_0\right\} < 0,$$

$$\frac{dS_4}{dv} = -2\omega\left\{\zeta(t_1 + \omega + \omega' - 2i\omega v) + \zeta(t_1 - \omega - \omega' + 2i\omega v) - \frac{2\eta}{\omega}\,t_1\right\} < 0,$$

und die Funktion $\omega(Z)$ besitzt im Intervall $-q > Z > -1$ genau eine Nullstelle X_1.

c) Falls schließlich $\psi[l]$ eine monoton fallende, $\psi_1[l_1]$ eine monoton wachsende Funktion ist, so kann die Funktion $\omega_1(Z) = -\omega(-Z)$ betrachtet werden. Man erhält sie aus (3.6), wenn dort die Funktionen $\psi[l]$, $\psi_1[l_1]$ durch $\pi - \psi[l]$, $\pi - \psi_1[l_1]$ ersetzt werden. Mit $\omega_1(Z)$ hat dann auch $\omega(Z)$ in den Intervallen $-1 < Z < -q$, $q < Z < 1$ genau eine Nullstelle.

d) Nach (3.8) bedeutet $\omega(X_2) = 0$

$$\frac{\vartheta_1(u_0 + iv_2)\,\vartheta_0(u_1 + iv_2)}{\vartheta_1(u_0 - iv_2)\,\vartheta_0(u_1 - iv_2)} = e^{i\Omega(X_2)}. \tag{3.20}$$

Setzt man $u_0' = u_0 - \alpha_1$, $\alpha_1 = (\pi - \alpha)/4\pi$, so wird $u_1 = \alpha_1 - u_0'$ wegen $u_0 + u_1 = (\pi - \alpha)/2\pi = 2\alpha_1$. Aus den Beziehungen

$$\begin{aligned}\vartheta_1(u_0 + iv_2)\,\vartheta_0(u_1 + iv_2) &= \vartheta_1(\alpha_1 + iv_2 + u_0')\,\alpha_0(\alpha_1 + iv_2 - u_0')\\ &= \frac{1}{\vartheta_2\vartheta_3}\{\vartheta_1(\alpha_1 + iv_2)\,\vartheta_0(\alpha_1 + iv_2)\,\vartheta_2(u_0')\,\vartheta_3(u_0')\\ &\quad + \vartheta_2(\alpha_1 + iv_2)\,\vartheta_3(\alpha_1 + iv_2)\,\vartheta_1(u_0')\,\vartheta_0(u_0')\},\end{aligned}$$

$$\begin{aligned}\vartheta_1(u_0 - iv_2)\,\vartheta_0(u_1 - iv_2) &= \vartheta_1(\alpha_1 - iv_2 + u_0')\,\vartheta_0(\alpha_1 - iv_2 - u_0')\\ &= \frac{1}{\vartheta_2\vartheta_3}\{\vartheta_1(\alpha_1 - iv_2)\,\vartheta_0(\alpha_1 - iv_2)\,\vartheta_2(u_0')\,\vartheta_3(u_0')\\ &\quad + \vartheta_2(\alpha_1 - iv_2)\,\vartheta_3(\alpha_1 - iv_2)\,\vartheta_1(u_0')\,\vartheta_0(u_0')\}\end{aligned}$$

folgt dann mit (3.20)

$$\begin{aligned}&\vartheta_2(u_0')\,\vartheta_3(u_0')\{\vartheta_1(\alpha_1 + iv_2)\,\vartheta_0(\alpha_1 + iv_2) - e^{i\Omega}\vartheta_1(\alpha_1 - iv_2)\,\vartheta_0(\alpha_1 - iv_2)\\ &= -\vartheta_1(u_0')\,\vartheta_0(u_0')\{\vartheta_2(\alpha_1 + iv_2)\,\vartheta_3(\alpha_1 + iv_2) - e^{i\Omega}\vartheta_2(\alpha_1 - iv_2)\,\vartheta_3(\alpha_1 - iv_2)\}.\end{aligned}$$

Daraus ergibt sich der behauptete Zusammenhang, da mit

$$e^{i\Omega(X_2)} = \frac{\vartheta_2(\alpha_1 + iv_2)\,\vartheta_3(\alpha_1 + iv_2)}{\vartheta_2(\alpha_1 - iv_2)\,\vartheta_3(\alpha_1 - iv_2)}$$

wegen $-1/2 < u_0' < 1/2$ auch

$$\vartheta_1(\alpha_1 + iv_2)\,\vartheta_0(\alpha_1 + iv_2) - e^{i\Omega(X_2)}\vartheta_1(\alpha_1 - iv_2)\,\vartheta_0(\alpha_1 - iv_2) = 0$$

und damit

$$\operatorname{Im} \vartheta_1(\alpha_1 + iv_2)\,\vartheta_0(\alpha_1 + iv_2)\,\vartheta_2(\alpha_1 - iv_2)\,\vartheta_3(\alpha_1 - iv_2)$$

$$= \frac{1}{\vartheta_2^2\vartheta_0^2}\,\frac{1}{i}\,\vartheta_1(iv_2)\,\vartheta_2(iv_2)\,\vartheta_3(iv_2)\,\vartheta_0(iv_2)\,\{\vartheta_1^2(\alpha_1)\,\vartheta_3^2(\alpha_1) + \vartheta_2^2(\alpha_1)\,\vartheta_0^2(\alpha_1)\} = 0$$

sein müßte. Das würde $X_2 = q$ ($iv_2 = \tau/2$) bzw. $X_2 = 1$ ($v_2 = 0$) und wegen (3.20) $\psi_1[l_1(o)] = 0$ bzw. $\psi[l(o)] = \pi$ bedeuten, im Widerspruch zu (3.3).
Die Funktion

$$\frac{\vartheta_1(u_0')\,\vartheta_0(u_0')}{\vartheta_2(u_0')\,\vartheta_3(u_0')} = k'\,\frac{\operatorname{sn} w}{\operatorname{cn} w \operatorname{dn} w} \qquad (w = 2\omega u_0')$$

ist wegen

$$\frac{d}{dw}\,\frac{\operatorname{sn} w}{\operatorname{cn} w \operatorname{dn} w} = \frac{2\omega}{\operatorname{cn}^2 w \operatorname{dn}^2 w}\,\{\operatorname{dn}^2 w + k^2 \operatorname{sn}^2 w \operatorname{cn}^2 w\} > 0$$

monoton. Da die Beziehung (3.19) für die Punkte $(v_2, u_0') = (0, -\alpha_1)$, $(v_2, u_0') = (i\tau/2, \alpha_1)$ erfüllt ist, gibt es für $\alpha \geqq 0$ zu v_2 in $i\tau/2 < v_2 < 0$ stets ein u_0' in $-\alpha_1 < u_0' < \alpha_1$, während für $\alpha < 0$ wegen $1/2 - \alpha_1 < \alpha_1$ dem Intervall $\alpha_1 - 1/2 < u_0' < 1/2 - \alpha_1$ nur ein Teilintervall von $q < X < 1$ entspricht. Ersetzt man in (3.19) v_2 durch $v_1 = (1/2\pi i) \ln X_1$, so erhält man den Zusammenhang zwischen s_0 und X_1. Er wird von den Punkten $(v_1, u_0') = (i/2, 1/2 - \alpha_1)$, $(v_1, u_0') = (i/2 + i\tau/2, \alpha_1 - 1/2)$ erfüllt. Da $\alpha_1 - 1/2 < u_0' < 1/2 - \alpha_1$ für $\alpha \leqq 0$ gilt, entspricht dann jedem X_1 in $-1 < X_1 < -q$ ein s_0 in $-\alpha < s_0 < \pi$, während $-\alpha_1 < X_1 < -q$ für $\alpha > 0$ gilt, so daß wegen $\alpha_1 < 1/2 - \alpha_1$ dem Intervall $0 < s_0 < \pi - \alpha$ nur ein Teilintervall von $-1 < X_1 < -q$ entspricht.

3.3. Fixpunktgleichungen des Totwasserproblems

Sei $\mathbb{B}$ der Banach-Raum aller in $0 \leqq s \leqq \pi$ Hölder-stetigen Funktionen $l(s)$ mit der Hölder-Konstanten C_l, dem Hölder-Exponenten ν ($0 \leqq \nu \leqq 1$) und der Norm

$$\|l\| = \max_{0 \leqq s \leqq \pi} |l(s)| + C_l.$$

Ferner sei $\mathbb{R}$ der Raum der reellen Zahlen. Die beiden Hindernisse seien Bogen zweier Kurven, die durch Angabe ihrer Winkel $\psi[l]$, $\psi_1[l_1]$ mit der x-Achse vorgegeben sind mit $0 \leqq l \leqq b$, $0 \leqq l_1 \leqq b_1$; $\psi[l]$, $\psi_1[l_1]$ sind Hölder-stetig:

$$|\psi[l'] - \psi[l]| < C|l' - l|^\mu,$$

$$|\psi_1[l_1'] - \psi_1[l_1]| < C|l_1' - l_1|^\mu.$$

Es seien 2 Funktionen $l(s)$, $l_1(s)$ von $\mathbb{B}$ und 2 reelle Zahlen q, σ mit $0 < q < 1$, $0 < \sigma < \pi$ vorgegeben. Die Beziehung (3.5) liefert dann eine reelle Zahl $\alpha(-\pi < \alpha < \pi)$, (3.6) eine Funktion $\Omega(Z)$ mit Hölder-stetigen Randwerten, so daß $T(e^{is})$ Hölder-stetig ist.

Setzt man

$$s_0 = \frac{\pi - |\alpha|}{\pi}\,\sigma - \frac{\alpha - |\alpha|}{2}, \tag{3.21}$$

dann gilt $0 < s_0 < \pi - \alpha$ für $\alpha \geqq 0$ und $-\alpha < s_0 < \pi$ für $\alpha < 0$. Mit s_1 aus (3.4) ist auch die Funktion $\omega(Z)$ in (3.8) bestimmt. Sie besitzt genau eine Nullstelle X_1 mit $-1 < X_1 < -q$ und genau eine Nullstelle X_2 mit $q < X_2 < 1$, die die Beziehungen (3.19) bzw. (3.19') erfüllen. In der Abbildung (3.11) sind dann alle Parameter festgelegt, sie liefert eine konforme Abbildung des Halbringes $q < |Z| < 1$, $Y \geqq 0$ auf ein Gebiet der z-Ebene. Die Bilder der Halbkreise $|Z| = 1$ bzw. $|Z| = q$ sind Kurven, deren Bogenlängen $L(s)$ bzw. $L_1(s)$ durch (3.12) bzw. (3.13) gegeben sind; es ist $L(s) \in \mathbb{B}$, $L_1(s) \in \mathbb{B}$. Wählt man in (3.14) die Konstante A so, daß $B = b$ gilt, dann besitzen die Kurven die Längen b bzw. B_1. Der vertikale Abstand K der beiden Ablösungspunkte P_1 und P_2' wird durch (3.18) geliefert. Man erhält eine Lösung des Totwasserproblems, wenn $L(s) = l(s)$, $L_1(s) = l_1(s)$, $B_1 = b_1$, $K = k$ gilt, d. h., wenn die Fixpunktgleichungen

$$l(s) = A \int_0^s e^{-T(e^{it})} f_2(e^{it})\,dt, \tag{3.22}$$

$$l_1(s) = A \int_0^\pi e^{-T(qe^{it})} f_2(qe^{it})\,dt, \tag{3.23}$$

$$\sigma = \sigma + b_1 - A \int_0^\pi e^{-T(qe^{it})} f_2(qe^{it})\,dt, \tag{3.24}$$

$$q = q + k - A \int_{-1}^{-q} \sin\vartheta(\xi)\, f_1(\xi)\,\frac{d\xi}{i\xi} + \psi_1 \tag{3.25}$$

mit

$$b = A \int_0^\pi e^{-T(e^{it})} f_1(e^{it})\,dt \tag{3.26}$$

bestehen. In dem Produktraum $X = \mathbb{B} \times \mathbb{B} \times \mathbb{R} \times \mathbb{R}$ der Punkte $x = \{l(s), l_1(s), \sigma, q\}$ ist ein Fixpunkt

$$x = Vx$$

des Operators V zu finden.

3.4. *Eigenschaften des Operators*

a) Stetigkeit: Es seien $l^1, l^2, l_1^1, l_1^2 \in \mathbb{B}$, $\sigma^1, \sigma^2, q^1, q^2 \in \mathbb{R}$, $0 < \sigma^1, \sigma^2 < \pi$, $0 < q^1, q^2 < 1$ mit $\delta l(s) = l^1(s) - l^2(s)$, $\delta l_1(s) = l_1^1(s) - l_1^2(s)$, $\delta\sigma = \sigma^1 - \sigma^2$, $\delta q = q^1 - q^2$. Für

$$\alpha^1 = \frac{1}{\pi} \int_0^\pi \{\psi_1[l_1^1(s)] - \psi[l^1(s)]\}\, ds,$$

$$\alpha^2 = \frac{1}{\pi} \int_0^\pi \{\psi_1(l_1^2(s)] - \psi[l^2(s)]\}\, ds$$

gilt dann $|\alpha^1 - \alpha^2| < C\,||\delta l||^\mu + C\,||\delta l_1||^\mu$.

Nach (3.21) und (3.4) werden $s_0^1 - s_0^2$ und $s_1^1 - s_1^2$ mit $||\delta l||$, $||\delta l_1||$, $|\delta\sigma|$ klein. Da die Randwerte der Funktionen $\Omega^1(Z)$, $\Omega^2(Z)$ die Abschätzung

$$|\Theta^1(e^{is}) - \Theta^2(e^{is})| < C\,||\delta l||^\mu,$$

$$|\Theta^1(q^1 e^{is}) - \Theta^2(q^2 e^{is})| < C\,||\delta l||^\mu + 2C\,||\delta l_1||^\mu$$

erfüllen, gehen $|\Omega^1(X) - \Omega^2(X)|$ und wegen (3.8) auch die Differenzen $X_1^1 - X_1^2$, $X_2^1 - X_2^2$ der Nullstellen der Funktionen $\omega^1(X)$, $\omega^2(X)$ mit $||\delta l||$, $||\delta l_1||$, $|\delta q|$, $|\delta\sigma|$ gegen Null. Aus der Darstellung (2.8) folgt für die Randwerte des Imaginärteils von $\Omega(Z)$

$$T(e^{is}) = \frac{1}{\pi} \int_0^\pi \{\psi[l(s)] - \psi[l(t)]\} \frac{\sin s}{\cos s - \cos t}\, dt$$

$$- \frac{4}{\pi} \int_0^\pi \{\psi[l(s)] - \psi[l(t)]\} \sum_{n=1}^\infty \frac{q^{2n}}{1 - q^{2n}} \sin ns \sin nt\, dt$$

$$+ \frac{1}{\pi} \int_0^\pi \psi_1[l_1(t)] \frac{d}{dt} \ln \frac{\vartheta_0\left(\dfrac{s-t}{2\pi}\right)}{\vartheta_0\left(\dfrac{s+t}{2\pi}\right)}\, dt, \tag{3.27}$$

so daß Max $|T^1(e^{is}) - T^2(e^{is})|$ und analog Max $|T^1(q^1e^{is}) - T^2(q^2e^{is})|$ wegen der analogen Eigenschaften der Poissonschen Integralformel mit $||\delta l||$, $||\delta l_1||$, $|\delta\sigma|$, $|\delta q|$ gegen Null gehen. Da die Funktion $f_2(Z)$ in (3.10) stetig von den Argumenten s_0, s_1, X_1, X_2, q abhängt, geht die Differenz $|A^1 - A^2|$ der durch (3.26) bestimmten Koeffizienten A^1, A^2 ebenfalls mit $||\delta l||$, $||\delta l_1||$, $|\delta\sigma|$, $|\delta q|$ gegen Null, und es folgt die Stetigkeit der rechten Seiten in (3.22), (3.23), (3.24). Um die Stetigkeit der rechten Seite von (3.25) zu zeigen, muß man wegen der Polstelle von $f_1(\xi)$ an der Nullstelle X_1 von $\vartheta(\xi)$ das Integrationsintervall so in Teilintervalle zerlegen, daß entweder die Integranden oder die Länge der Teilintervalle bei beschränkten Integranden mit $||\delta l||$, $||\delta l_1||$, $|\delta\sigma|$, $|\delta q|$ gegen Null gehen.

b) Vollstetigkeit: Es sei $\{l(s), l_1(s), \sigma, q\}$ aus einer beschränkten Menge von X mit $||l(s)|| < C$, $||l_1(s)|| < C$, $0 < \sigma_0 < \sigma < \sigma_1 < 1$, $0 < q_0 < q < q_1 < 1$. Dann sind die Funktionen $\psi[l(s)]$, $\psi_1[l_1(s)]$ wegen

$$|\psi[l(s)] - \psi[l(s')]| < C_\psi C\, |s - s'|^{\mu\nu},$$

$$|\psi_1[l_1(s)] - \psi_1[l_1(s')]| < C_{\psi_1} C\, |s - s'|^{\mu\nu}$$

gleichmäßig beschränkt und gleichgradig stetig. Aus der Darstellung (3.27) folgt mit dem Satz von Fatou-Priwaloff das gleiche für die Funktionen $T(e^{is})$, $T(qe^{is})$. Wegen $-\pi < \alpha < \pi$ liegen die der beschränkten Menge entsprechenden Zahlen α in $-\pi < \alpha_0 \leqq \alpha \leqq \alpha_1 < \pi$ und die Nullstellen X_1, X_2 wegen (3.19), (3.19′) und der Stetigkeit der Thetafunktionen in Intervallen $-1 + \varepsilon \leqq X_1 \leqq -q + \varepsilon$, $q + \varepsilon \leqq X_2 \leqq 1 - \varepsilon$. Daher sind die Funktion $f_2(Z)$ und ihre Ableitung gleichmäßig beschränkt, damit auch die Koeffizienten A in (3.26) und die rechten Seiten in (3.24) und (3.25). Die Funktionen $\frac{dL}{ds}$ und $\frac{dL_1}{ds}$ sind gleichmäßig beschränkt und gleichmäßig stetig. Nach dem Satz von Arzela kann man aus ihnen eine gleichmäßig konvergente Teilfolge auswählen, so daß $\{L_n(s)\}$ bzw. $\{L_{1n}(s)\}$ in $\mathbf{B}$ konvergiert. Die beschränkte Menge von X wird also durch V in eine kompakte Menge übergeführt, so daß V vollstetig ist.

c) Gleichgradige Stetigkeit bezüglich eines Parameters: Für $x = \{l(s), l_1(s), \sigma, q\}$ aus einer beschränkten Menge in X wird der Operator V zu den Vorgaben

$$\psi_t[l] = t\psi[l] + (1 - t)\,\frac{\pi}{2},\ \psi_{1t}[l_1] = t\psi_1[l_1] + (1 - t)\,\frac{\pi}{2},\ b_{1t} = tb_1 + (1 - t)\,b$$

betrachtet. Es ist dann $\alpha_t = \frac{1}{\pi}\int\limits_0^\pi \{\psi_{1t}[l_1(s)] - \psi_t[l(s)]\}\,ds = t\alpha$ und $|\alpha_t - \alpha_{t'}| < C\,|t - t'|$. Aus (3.21) und (3.4) folgt $|s_{0t} - s_{0t'}| < C\,|t - t'|$, $|s_{1t} - s_{1t'}|$

$< C\,|t - t'|$. Die Randwerte der Funktion $\Omega_t(Z)$ erfüllen die Ungleichungen $|\Theta_t(e^{is}) - \Theta_{t'}(e^{is})| < C\,|t - t'|$, $|\Theta_t(qe^{is}) - \Theta_{t'}(qe^{is})| < C\,|t - t'|$, so daß wegen (3.27) und der Eigenschaften des ersten Summanden in (3.27) $|T_t(e^{is}) - T_{t'}(e^{is})| < \varepsilon$ für $|t - t'| < \delta(\varepsilon)$ und analog $|T_t(qe^{is}) - T_{t'}(qe^{is})| < \varepsilon$ für $|t - t'| < \delta(\varepsilon)$ gilt. Aus (3.8) folgt $|X_{1t} - X_{1t'}| < \varepsilon$, $|X_{2t} - X_{2t'}| < \varepsilon$ für $|t - t'| < \delta(\varepsilon)$. Schließt man weiter wie unter a), so folgt $||x_t - x_{t'}|| < \varepsilon$ für $|t - t'| < \delta(\varepsilon)$.

4. A-priori-Schranken der Unbekannten

Die Aussagen dieses Kapitels ergeben sich aus dem folgenden Lemma ([9], [12]): Das Gebiet D vom Flächeninhalt σ sei konform auf ein Rechteck, das Rechteck konform auf die obere F-Halbebene abgebildet; $\overline{F_1F_2}$ und $\overline{F_3F_4}$ seien zwei durchschnittsfremde Segmente der reellen Achse der F-Ebene, wobei die Punkte F_1, F_2, F_3, F_4 den Ecken $\omega + \omega'$, ω', 0, ω (ω reell, ω' rein imaginär) des Rechtecks entsprechen. Ist S die Länge der kürzesten Verbindung in D zwischen dem Bild von $\overline{F_1F_2}$ und dem Bild von $\overline{F_3F_4}$, so gilt

$$\frac{S^2}{\sigma} \leqq \frac{1}{i}\,\frac{\omega'}{\omega}. \tag{4.1}$$

Bedeutet (F_1, F_3, F_4, F_2) das Doppelverhältnis der Punkte F_1, F_3, F_4, F_2, so wird

$$-(F_1, F_3, F_4, F_2) \geqq \eta\left(i\,\frac{S^2}{\sigma}\right) \tag{4.2}$$

mit einer monoton wachsenden, stetigen Funktion $\eta\ (i\varepsilon)$, die für $\varepsilon = 0$ verschwindet. Ist s die Länge der kürzesten Verbindung in D zwischen dem Bild von $\overline{F_2F_3}$ und dem Bild von $\overline{F_4F_1}$ so gilt

$$\frac{s^2}{\sigma} \leqq i\,\frac{\omega}{\omega'}. \tag{4.3}$$

D e f i n i t i o n. Eine Familie von Hindernissen, gegeben durch Funktionen $\psi^{(k)}[l]$, $\psi_1^{(k)}[l_1]$, $0 \leqq l \leqq b$, $0 \leqq l_1 \leqq b_1$, heißt beschränkt, wenn ihre Krümmungen $\dot\psi^{(k)}[l]$, $\dot\psi_1^{(k)}[l_1]$ beschränkt sind und es eine Zahl ε, $0 < \varepsilon < \pi/2$, gibt, so daß

$$\varepsilon \leqq \psi^{(k)}[l] \leqq \pi - \varepsilon, \qquad \varepsilon \leqq \psi_1^{(k)}[l_1] \leqq \pi - \varepsilon \tag{4.4}$$

gilt.

4.1. Abschätzung der Parameter q, X_1, X_2

Satz 4.1. Für eine beschränkte Familie von Hindernissen existieren Zahlen q_0, q_1 $(0 < q_0 < q_1 < 1)$, so daß der Parameter q für alle eventuellen Lösungen des Totwasserproblems zu gegebenem vertikalen Abstand k der Ablösungspunkte P_1 und P_2', für die der horizontale Abstand h die Bedingung $|h| < H$ mit gegebenem H erf5llt, im Intervall $q_0 < q < q_1$ liegt. Dabèi hängen q_0, q_1 mit von ε, b, b_1, k, H ab.

Beweis. a) Im Schnittpunkt der Parallelen durch P_1 zur y-Achse und durch P_2' zur x-Achse berühre eine Kugel vom Durchmesser $2R = k + H + b + b_1$ die z-Ebene. D sei die stereographische Projektion des Strömungsgebietes auf diese Kugel vom Flächeninhalt $\sigma < \pi(k + H + b + b_1)^2$. Jedes der Hindernisse gehört zu einem innerhalb des Kreises um P mit dem Radius $2R$ liegenden Parallelstreifen A' bzw. A'', die auf der Kugel zwei Gebieten D', D'' unterhalb

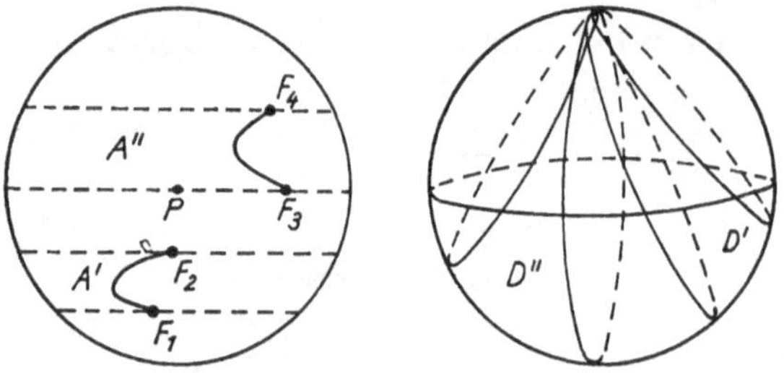

Abb. 5

des Äquators entsprechen. Der Abstand der Gebiete D', D'' wird in zwei Punkten des Äquators angenommen, die in der z-Ebene auf dem Kreis um P mit dem Radius $2R$ auf Parallelen zur x-Achse durch P_1 und P_2' mit dem Abstand k liegen. Sind $\bar{y}$, $\bar{\bar{y}}$ ihre stereographischen y-Koordinaten, so ist $S > |\bar{y} - \bar{\bar{y}}|$. Wegen des Zusammenhanges $\bar{y} - \bar{\bar{y}} = (y' - y'')\ (2R)^2/(|z|^2 + (2R)^2)$ der stereographischen Koordinaten mit den Koordinaten der z-Ebene folgt $S > k/2$. Nach dem Lemma folgt daher

$$q = e^{i\pi\frac{\omega'}{\omega}} \leqq e^{-\frac{\pi S^2}{\sigma}} < e^{-\frac{1}{4}\frac{k}{(k+H+b+b_1)^2}} = q_1 .$$

b) Seien $\overline{F_2F_3}$ und $\overline{F_4F_1}$ die Segmente der reellen F-Achse, die den freien Linien λ_1, λ_2' bzw. λ_2, λ_1' entsprechen. Wie unter a) sei das Strömungsgebiet auf die Kugel projiziert. Da die Hindernisse in der z-Ebene in Parallelstreifen der

Breite $b \sin \varepsilon$ bzw. $b_1 \sin \varepsilon$ liegen und auf die Kugel unterhalb des Äquators projiziert werden, gilt für die Länge s einer in D verlaufenden Verbindung eines Punktes des Bildes von $\overline{F_2F_3}$ mit einem Punkt des Bildes von $\overline{F_4F_1}$ $s > \frac{1}{2} \times \min(b \sin \varepsilon, b_1 \sin \varepsilon)$, und nach dem Lemma folgt

$$q = e^{i\pi \frac{\omega'}{\omega}} \geqq e^{-\frac{\pi\sigma}{s^2}} > e^{-\frac{\pi^2(k+H+b+b_1)^2}{[1/2 \min(b \sin\varepsilon, b_1 \sin\varepsilon)]^2}} = q_0.$$

Satz 4.2. Für alle eventuellen Lösungen des Totwasserproblems, bei denen der horizontale Abstand h der beiden Ablösungspunkte P_1 und P_2' die Bedingung $|h| < H$ erfüllt, liegen die Nullstellen X_1, X_2 der Funktion $\vartheta(X)$ in Intervallen

$$q + \delta < X_2 < 1 - \delta, \quad -1 + \delta < X_1 < -q - \delta, \quad \delta > 0,$$

wobei δ nur von k, H, b, b_1 abhängt.

Beweis. a) Es sei $F_1 = -\infty$, $F_2 = d$, $F_3 = 1$, $F_4 = e$. Den Segmenten $\overline{F_1F_2}$ bzw. $\overline{F_3F_4}$ entsprechen in der z-Ebene die untere freie Linie λ_2 bzw. das obere Hindernis. Es wird

$$-(F_1, F_3, F_4, F_2) = \frac{1-d}{1-e} = \frac{e_3 - e_1}{\wp\left(\omega' - \frac{\omega}{i\pi} \ln X_2\right) - e_3}.$$

Eine Kugel vom Durchmesser $H + k + b + b_1$ berühre die z-Ebene in P_2. Das obere Hindernis gehört zu einem Gebiet der Kugel, das unterhalb des Äquators zwischen den Bildern der Parallelen zur x-Achse durch P_1' bzw. P_2' liegt, während λ_2 zum Bild des Gebietes unterhalb der Parallelen zur x-Achse durch P_2 gehört. Der Abstand dieser Gebiete wird in zwei Punkten des Äquators angenommen, die in der z-Ebene auf dem Kreis um P_2 und den Parallelen zur x-Achse durch P_1 und P_2' liegen. Daraus folgt $S > k/2$, und nach dem Lemma gilt für alle eventuellen Lösungen

$$\frac{e_3 - e_1}{\wp\left(\omega' - \frac{\omega}{i\pi} \ln X_2\right) - e_3} > \eta\left[i \frac{k^2}{4\pi(H + k + b + b_1)^2}\right]. \tag{4.5}$$

Da die linke Seite dieser Ungleichung eine in $q \leqq X_2 \leqq 1$, $q_0 \leqq q \leqq q_1$ stetige Funktion mit $\lim\limits_{X_2 \to q} \frac{e_3 - e_1}{\wp\left(\omega' - \frac{\omega}{i\pi} \ln X_2\right) - e_3} = 0$ ist, existiert eine von k, H, b, b_1 abhängige Zahl $\delta_1 > 0$, so daß für die Nullstellen X_2 aller eventuellen Lösungen $X_2 > q + \delta_1$ gilt.

b) Es sei $F_1 = d$, $F_2 = -1$, $F_3 = e$, $F_4 = \infty$. Den Segmenten $\overline{F_1F_2}$ bzw. $\overline{F_3F_4}$ entsprechen in der z-Ebene das untere Hindernis bzw. die obere freie Linie λ_1'. Man hat

$$-(F_1, F_3, F_4, F_2) = -\frac{e+1}{d+1} = \frac{e_3 - \wp\left(\omega' - \frac{\omega}{i\pi}\ln X_2\right)}{e_3 - e_2}.$$

Berührt eine Kugel vom Durchmesser $H + k + b + b_1$ die z-Ebene in P_1', so gehören die Bilder der Segmente $\overline{F_1F_2}$ bzw. $\overline{F_3F_4}$ wie unter a) zu Gebieten der Kugel, die mindestens einen Abstand $k/2$ besitzen. Daher folgt

$$\frac{\wp\left(\omega' - \frac{\omega}{i\pi}\ln X_2\right) - e_3}{e_3 - e_2} > \eta\left[i\,\frac{k^2}{4\pi(H + k + b + b_1)^2}\right], \tag{4.6}$$

und wegen $\lim\limits_{X_2 \to 1} \frac{\wp\left(\omega' - \frac{\omega}{i\pi}\ln X_2\right) - e_3}{e_3 - e_2} = 0$ existiert eine von H, k, b, b_1 abhängige Zahl δ_2, so daß für die Nullstelle X_2 aller eventuellen Lösungen $X_2 < 1 - \delta_2$ gilt.

c) Es sei $F_1 = d$, $F_2 = -1$, $F_3 = b$, $F_4 = 1$ bzw. $F_1 = -1$, $F_2 = b$, $F_3 = 1$, $F_4 = e$.

Im ersten Fall ist

$$\begin{aligned} r_1 &= -(F_1, F_3, F_4, F_2) \\ &= -\frac{d-1}{b-1}\,\frac{b+1}{d+1} = \frac{e_3 - e_1}{e_3 - e_2}\,\frac{e_2 - \wp\left(\omega' - \frac{\omega}{i\pi}\ln X_1\right)}{\wp\left(\omega' - \frac{\omega}{i\pi}\ln X_1\right) - e_1}, \end{aligned}$$

im zweiten Fall

$$r_2 = -(F_1, F_3, F_4, F_2) = -\frac{e+1}{e-1}\,\frac{b-1}{b+1} = \frac{\wp\left(\omega' - \frac{\omega}{i\pi}\ln X_1\right) - e_1}{e_2 - \wp\left(\omega' - \frac{\omega}{i\pi}\ln X_1\right)}.$$

Setzt man

$$A = \frac{\wp\left(\omega' - \frac{\omega}{i\pi}\ln X_2\right) - e_3}{e_3 - e_1}, \qquad B = \frac{\wp\left(\omega' - \frac{\omega}{i\pi}\ln X_1\right) - e_2}{e_1 - \wp\left(\omega' - \frac{\omega}{i\pi}\ln X_1\right)},$$

so ist für $A \leqq B$ nach b)

$$r_1 = \frac{e_3 - e_1}{e_3 - e_2} B \geqq \frac{e_3 - e_1}{e_3 - e_2} A = \frac{\wp\left(\omega' - \frac{\omega}{i\pi} \ln X_2\right) - e_3}{e_3 - e_2}$$

$$> \eta \left[i \frac{k^2}{4\pi(H + k + b + b_1)^2} \right]$$

und für $A \geqq B$ nach a)

$$r_2 = \frac{1}{B} \geqq \frac{1}{A} = \frac{e_3 - e_1}{\wp\left(\omega' - \frac{\omega}{i\pi} \ln X_2\right) - e_3} > \eta \left[i \frac{k^2}{4\pi(H + k + b + b_1)^2} \right].$$

Wegen $\lim\limits_{X_1 \to -1} r_1 = \lim\limits_{X_1 \to -q} r_2 = 0$ existieren nur von k, H, b, b_1 abhängige Zahlen δ_3, δ_4, so daß für die Nullstellen X_1 aller eventuellen Lösungen gilt

$$-1 + \delta_3 < X_1 < -q - \delta_4.$$

4.2. Abschätzung der Funktionen $l(s)$, $l_1(s)$

Satz 4.3. Für eine beschränkte Familie von Hindernissen sind die Normen $||l(s)||$, $||l_1(s)||$ für alle eventuellen Lösungen der Fixpunktgleichungen in ihrer Gesamtheit beschränkt.

Die Abschätzungen für $||l(s)||$, $||l_1(s)||$ verlaufen analog; es genügt, sie für $||l(s)||$ durchzuführen.

Beweis. Es ist nach (3.22)

$$\frac{dl}{ds} = A e^{-T(e^{is})} f_2(e^{is}),$$

wobei A durch (3.26)

$$b = A \int_0^\pi e^{-T(e^{is})} f_2(e^{is})$$

bestimmt wird. Setzt man

$$\hat{A} = A \left(\frac{\pi}{\omega}\right)^2 \vartheta_1^2(iv_2)\, \vartheta_2^2(iv_2)\, \vartheta_3^2(iv_2)\, \vartheta_0^2(iv_2)$$
$$\times \frac{\vartheta_1(iv_2 - iv_1)\, \vartheta_1(iv_2 + iv_1)}{\vartheta_1(u_0 - iv_1)\, \vartheta_1(u_0 + iv_1)\, \vartheta_0(u_1 - iv_2)\, \vartheta_0(u_1 + iv_2)},$$

$$\hat{f}_1(e^{is}) = \vartheta_1(u)\, \vartheta_2(u)\, \vartheta_3(u)\, \vartheta_0(u) \frac{\vartheta_1^2(u_0 + u)\, \vartheta_0^2(u_1 + u)}{\vartheta_1^3(u - iv_2)\, \vartheta_1^3(u + iv_2)\, \vartheta_1(u - iv_2)\, \vartheta_1(u + iv_1)},$$

so erhält man anstelle von (3.22) und (3.26)

$$\frac{dl}{ds} = \hat{A} e^{-T(e^{is})} \hat{f}_1(e^{is}), \tag{4.7}$$

$$b = \hat{A} \int_0^\pi e^{-T(e^{is})} \hat{f}_1(e^{is})\, ds. \tag{4.8}$$

Aus der Ungleichung von Hölder folgt

$$|l(s) - l(s')| \leqq \left| \int_{s'}^{s} \left| \frac{dl}{ds} \right|^{(1-\beta)^{-1}} ds \right|^{1-\beta} |s - s'|^\beta$$

$$\leqq \hat{A} \left[\int_0^\pi e^{-(1-\beta)^{-1} T(e^{is})} |\hat{f}_1(e^{is})|^{(1-\beta)^{-1}} ds \right]^{1-\beta} |s - s'|^\beta.$$

Es ist $\hat{f}_1(e^{is})$ in $0 \leqq s \leqq \pi$, $0 \leqq s_0 \leqq \pi$, $0 \leqq s_1 \leqq \pi$, $q_0 \leqq q \leqq q_1$ beschränkt, da wegen $q + \delta < X_2 < 1 - \delta$, $-1 + \delta < X_1 < -q - \delta$ die im Nenner stehenden Thetafunktionen dann keine Nullstellen besitzen. Daher bleibt zu zeigen, daß $\hat{A}$ und $\int_0^\pi e^{-(1-\beta)^{-1} T(e^{is})}\, ds$ beschränkt sind.

4.2.1. A-priori-Schranken für $\hat{A}$

Wegen der Ungleichung von Jensen

$$\frac{1}{\pi} \int_0^\pi e^{x(s)}\, ds \geqq e^{\frac{1}{\pi} \int_0^\pi x(s) ds}$$

folgt für $x(s) = -T(e^{is}) + \ln \hat{f}_1(e^{is})$

$$\frac{1}{\pi} \int_0^\pi e^{-T(e^{is})} \hat{f}_1(e^{is})\, ds \geqq \exp\left[-\frac{1}{\pi} \int_0^\pi T(e^{is})\, ds \right] \exp \frac{1}{\pi} \int_0^\pi \ln \hat{f}_1(e^{is})\, ds,$$

so daß wegen (4.8) gilt:

$$\hat{A} \leqq \frac{b}{\pi} \exp \frac{1}{\pi} \int_0^\pi T(e^{is})\, ds \exp\left[-\frac{1}{\pi} \int_0^\pi \ln \hat{f}_1(e^{is})\, ds \right].$$

Der Faktor

$$\frac{\vartheta_1^2\left(\frac{1}{2}\right)\vartheta_2(u)\,\vartheta_3(u)\,\vartheta_0(u)\,\vartheta_0^2(u_0+u)}{\vartheta_1^3(u-iv_2)\,\vartheta_1^3(u+iv_2)\,\vartheta_1(u-iv_1)\,\vartheta_1(u+iv_1)}$$

besitzt in $0 \leqq s \leqq \pi$, $0 \leqq s_1 \leqq \pi$, $q_0 \leqq q \leqq q_1$, $q+\delta \leqq X_2 \leqq 1-\delta$, $-1+\delta \leqq X_1 \leqq -q-\delta$ ein positives Minimum. Ferner gilt

$$-\int_0^\pi \ln \frac{\vartheta_1(u)\,\vartheta_1^2(u+u_0)}{\vartheta_1^2\left(\frac{1}{2}\right)}\,ds = -\int_0^\pi \ln \vartheta_1(u)\,ds - 2\int_{s_0}^{\pi+s_0} \ln \frac{\vartheta_1(u)}{\vartheta_1\left(\frac{1}{2}\right)}\,ds$$

$$\leqq -3\int_0^\pi \ln \vartheta_1(u)\,ds + 4\pi \ln \vartheta_1\left(\frac{1}{2}\right),$$

so daß man wegen

$$\ln \vartheta_1(u) = \ln 2Qq^{1/4} + \ln \sin \pi u + \sum_{n=1}^{\infty} (1 - 2q^{2n}\cos 2\pi u + q^{4n}),$$

$$\int_0^\pi (1 - 2q^{2n}\cos s + q^{4n})\,ds = 0,$$

$$\int_0^\pi \ln \sin \frac{s}{2}\,ds = -\pi \ln 2, \qquad Q = \prod_{n=1}^{\infty} (1 - q^{2n})$$

eine für $q_0 \leqq q \leqq q_1$ von q unabhängige Schranke

$$-\int_0^\pi \ln \frac{\vartheta_1(u)\,\vartheta_1^2(u+u_0)}{\vartheta_1^2\left(\frac{1}{2}\right)}\,ds \leqq -3\pi \ln Qq^{1/4} + 4\pi \ln \vartheta_1\left(\frac{1}{2}\right)$$

hat. Also ist $\int_0^\pi \ln \hat{f}_1(e^{is})\,ds$ beschränkt.

Um $\int_0^\pi T(e^{is})\,ds$ abzuschätzen, wird die Funktion

$$\Pi(Z) = \int_1^Z \Omega(\zeta)\,\frac{d\zeta}{i\zeta}$$

in $q < |Z| < 1$ betrachtet. Für $Z = re^{is}$ ist

$$\operatorname{Re} \Pi(Z) = \int_0^s \Theta(e^{it})\, dt,$$

$$\operatorname{Im} \Pi(Z) = -\int_1^r \Theta(\xi) \frac{d\xi}{\xi} + \int_0^s T(e^{it})\, dt,$$

so daß wegen $\Omega(\zeta) = \overline{\Omega(\bar\zeta)}$ im Kreisring $\operatorname{Im} \Pi(Z)$ eine eindeutige Funktion wird, während $\operatorname{Re} \Pi(Z)$ bei einem Umlauf um $k = 2 \int_0^\pi \Theta(e^{it})\, dt$, $k \leqq 4\pi^2$, wächst. Die Funktion $\Pi_1(Z) = \Pi(Z) - \frac{k}{2\pi i} \ln Z$ ist daher im Kreisring eindeutig, und ihr Realteil verschwindet auf der reellen Achse. Sie besitzt auf $Z = e^{is}$ bzw. auf $Z = qe^{is}$ die Randwerte

$$u(s) = \int_0^s \{\psi[l(t)] - \pi\}\, dt - \frac{1}{\pi} \int_0^\pi \{\psi[l(t)] - \pi\}\, dt,$$

$$v(s) = \int_0^s \{\psi_1[l_1(t)] - \pi - \alpha\}\, dt - \frac{1}{\pi} \int_0^\pi \{\psi_1[l_1(t)] - \pi - \alpha\}\, dt,$$

deren Ableitungen wegen $0 \leqq \psi \leqq \pi$, $0 \leqq \psi_1 \leqq \pi$, $|\alpha| \leqq \pi$ gleichmäßig beschränkt sind. In der Darstellung (3.27) für $\operatorname{Im} \Pi_1(e^{is})$ ist daher der erste Summand nach dem Satz von Fatou-Priwaloff beschränkt, während die übrigen Summanden für $0 \leqq q \leqq q_1$ eine von q unabhängige Schranke besitzen; insbesondere ist $|\Pi_1(-1)| < C$.

Daraus folgt

$$\int_0^\pi T(e^{is})\, ds = \operatorname{Im} \Pi(-1) \leqq |\Pi(-1)| \leqq \frac{k}{2} + |\Pi_1(-1)| < 2\pi^2 + C.$$

4.2.2. Schranken für die Integrale $\int_0^\pi e^{-(1-\beta)^{-1} T(e^{is})}\, ds$

Es seien $\Omega_1 = \Theta_1 + iT_1$ und $\Omega_2 = \Theta_2 + iT_2$ Funktionen in $q < |Z| < 1$, deren Realteile auf den Halbkreisen $Z = e^{is}$ bzw. $Z = qe^{is}$ $(0 \leqq s \leqq \pi)$ die Randwerte

$$u_1(s) = \psi[l(s)] - \pi, \quad v_1(s) = k,$$
$$u_2(s) = k, \quad v_2(s) = \psi_1[l_1(s)] - \pi - \alpha$$

mit $k = \frac{1}{\pi}\int\limits_0^\pi \{\psi[l(s)] - \pi\}\,ds$ annehmen und auf der reellen Achse verschwinden. Dann gilt $\Omega = \Omega_1 + \Omega_2 - k$ und $T = T_1 + T_2$. Wegen der Schwarzschen Ungleichung

$$\left(\int\limits_0^\pi e^{-(1-\beta)^{-1}T(e^{is})}\,ds\right)^2 \leqq \int\limits_0^\pi e^{-2(1-\beta)^{-1}T_1(e^{is})}\,ds \int\limits_0^\pi e^{-2(1-\beta)^{-1}T_2(e^{is})}\,ds$$

sind Schranken für die beiden Integrale auf der rechten Seite der Ungleichung zu finden.

Satz 4.4. Die Funktion $\Omega_1 = \Theta_1 + iT_1$ sei für $q < |Z| < 1$ analytisch, auf dem Rand des Gebietes stetig, und es gelte $\Omega_1(\bar{Z}) = \overline{\Omega_1(Z)}$; $\Theta_1(e^{is})$ besitze die Schwankung $2\tilde{\omega} < \pi$, ferner sei $\Theta_1(qe^{is}) = \text{const} = k$. Dann gilt

$$\int\limits_0^{2\pi} e^{-T_1(e^{is})}\,ds \leqq 2(\cos\tilde{\omega})^{-1}\int\limits_0^\pi \cosh T_1(qe^{is})\,ds.$$

Beweis. Die Funktion $f(Z) = -i\int\limits_1^Z e^{i\Omega_1(\zeta)}\frac{d\zeta}{\zeta}$ transformiert den Kreis $Z = e^{is}$ $(0 \leqq s \leqq 2\pi)$ in einen Kurvenbogen Γ mit dem Anfangspunkt 0 und dem Endpunkt

$$-i\int\limits_{Z=e^{is}} e^{i\Omega_1(\zeta)}\frac{d\zeta}{\zeta} = \int\limits_0^{2\pi} e^{i\Omega_1(e^{is})}\,ds = \int\limits_0^{2\pi} e^{i\Omega_1(qe^{is})}\,ds = 2e^{ik}I$$

mit $I = \int\limits_0^\pi \cosh T_1(qe^{is})\,ds$. Da $\Theta_1(e^{is})$ der Winkel von Γ mit der reellen Achse ist und

$$l = \int\limits_0^{2\pi} e^{-T_1(e^{is})}\,ds$$

ihre Länge, folgt die Behauptung aus

$$2I \geqq \int\limits_0^{2\pi} \cos\Theta_1(e^{is})\,dl \geqq \cos\tilde{\omega}\int\limits_0^{2\pi} dl = \cos\tilde{\omega}\int\limits_0^{2\pi} e^{-T_1(e^{is})}\,ds.$$

Satz 4.5. Für jede Lösung des Totwasserproblems zu einer beschränkten Familie von Hindernissen genügen die Funktionen $\psi[l(s)]$, $\psi_1[l_1(s)]$ den Ungleichungen

$$|\psi[l(s'')] - \psi[l(s')]| < C_1\eta(C\,|s'' - s'|),$$

$$|\psi_1[l_1(s'')] - \psi_1[l_1(s')]| < C_1\eta(C\,|s'' - s'|),$$

wobei $\eta(\varepsilon)$ eine monoton wachsende, stetige Funktion mit $\eta(o) = 0$ ist und C, C_1 nur von Max $|\dot{\psi}[l]|$, Max $|\dot{\psi}_1[l_1]|$, b, b_1, k, H abhängen.

Beweis. Da zwischen der F-Halbebene und $\hat{F} = \wp\left(\omega' - \frac{\omega}{i\pi}\ln Z\right)$ ein linearer Zusammenhang besteht, wobei F und $\hat{F}$ gleichzeitig reell sind, gilt für 4 Punkte der reellen F-Achse und ihre Bilder $(F_1, F_3, F_4, F_2) = (\hat{F}_1, \hat{F}_3, \hat{F}_4, \hat{F}_2)$. Sind $Z' = e^{is'}$, $Z'' = e^{is''}$ $(0 \leqq s' < s'' \leqq \pi)$ zwei Punkte des Halbkreises $|Z| = 1$, für die

$$0 < \wp\left(\omega' - \frac{\omega}{\pi}s''\right) - \wp\left(\omega' - \frac{\omega}{\pi}s'\right) < \frac{1}{2}(e_2 - e_3) \tag{4.9}$$

gilt, dann tritt stets mindestens einer der beiden Fälle ein:

a) $\wp\left(\omega' - \frac{\omega}{\pi}s'\right) - e_3 \geqq \frac{1}{4}(e_2 - e_3)$,

b) $e_2 - \wp\left(\omega' - \frac{\omega}{\pi}s''\right) \geqq \frac{1}{4}(e_2 - e_3)$.

Setzt man im Fall a)
$Z_1 = 1$, $Z_2 = Z'$, $Z_3 = Z''$, $Z_4 = X_2$, dann wird $F_1 = e_3$, $F_4 = \infty$ und

$$-(\hat{F}_1, \hat{F}_3, \hat{F}_4, \hat{F}_2) = \frac{\hat{F}_3 - \hat{F}_2}{\hat{F}_2 - \hat{F}_1} = \frac{\wp\left(\omega' - \frac{\omega}{\pi}s''\right) - \wp\left(\omega' - \frac{\omega}{\pi}s'\right)}{\wp\left(\omega' - \frac{\omega}{\pi}s'\right) - e_3}$$

$$\leqq \frac{4}{e_2 - e_3}\left\{\wp\left(\omega' - \frac{\omega}{\pi}s''\right) - \wp\left(\omega' - \frac{\omega}{\pi}s'\right)\right\}.$$

Im Fall b) sei $Z_1 = -1$, $Z_2 = Z''$, $Z_3 = Z'$, $Z_4 = X_2$, und es ist wegen (4.6)

$$\frac{\hat{F}_1 - \hat{F}_4}{\hat{F}_3 - \hat{F}_4} = \frac{e_2 - \wp\left(\omega' - \frac{\omega}{i\pi}\ln X_2\right)}{\wp\left(\omega' - \frac{\omega}{\pi}s'\right) - p\left(\omega' - \frac{\omega}{i\pi}\ln X_2\right)} \leqq \frac{e_2 - \wp\left(\omega' - \frac{\omega}{i\pi}\ln X_2\right)}{e_3 - \wp\left(\omega' - \frac{\omega}{i\pi}\ln X_2\right)}$$

$$= 1 + \frac{e_2 - e_3}{e_3 - \wp\left(\omega' - \frac{\omega}{i\pi}\ln X_2\right)} < 1 + \frac{1}{\eta}.$$

Daher folgt die Ungleichung

$$-(\hat{F}_1, \hat{F}_3, \hat{F}_4, \hat{F}_2) < \frac{4}{e_2 - e_3}\left(1 + \frac{1}{\eta}\right)\left\{\wp\left(\omega' - \frac{\omega}{\pi}s''\right) - \wp\left(\omega' - \frac{\omega}{\pi}s'\right)\right\},$$

die auch im Fall a) gilt.

Wegen $\wp\left(\omega' - \frac{\omega}{i\pi}\ln Z\right) = e_3 + \frac{(e_3 - e_2)(e_3 - e_1)}{\wp\left(\omega' - \frac{\omega}{i\pi}\ln Z\right) - e_3}$ besteht auch zwischen F und $\tilde{F} = \wp\left(\omega' - \frac{\omega}{i\pi}\ln Z\right)$ ein linearer Zusammenhang, so daß zwischen 4 Punkten der reellen F-Achse und ihren Bildern

$$-(F_1, F_3, F_4, F_2) = -(\tilde{F}_1, \tilde{F}_3, \tilde{F}_4, \tilde{F}_2)$$

gilt. Für zwei Punkte $Z' = qe^{is'}$, $Z'' = qe^{is''}$ mit $0 \leqq s' < s'' \leqq \pi$, die (4.9) erfüllen, bestehen wieder die beiden Möglichkeiten a) bzw. b). Im Fall a) sei $Z_1 = q$, $Z_2 = Z'$, $Z_3 = Z''$, $Z_4 = 1$. Es wird $F_1 = e_2$, $F_4 = \infty$ und

$$-(\tilde{F}_1, \tilde{F}_3, \tilde{F}_4, \tilde{F}_2) = \frac{\tilde{F}_3 - \tilde{F}_2}{\tilde{F}_2 - \tilde{F}_1} = \frac{\wp\left(\omega' - \frac{\omega}{\pi}s''\right) - \wp\left(\omega' - \frac{\omega}{\pi}s'\right)}{\wp\left(\omega' - \frac{\omega}{\pi}s'\right) - e_3}$$

$$\leqq \frac{4}{e_2 - e_3}\left\{\wp\left(\omega' - \frac{\omega}{\pi}s''\right) - \wp\left(\omega' - \frac{\omega}{\pi}s'\right)\right\}.$$

Im Fall b) sei

$$Z_1 = -q, \quad Z_2 = Z'', \quad Z_3 = Z', \quad Z_4 = X_2,$$

dann ist wegen (4.5)

$$\frac{\tilde{F}_1 - \tilde{F}_4}{\tilde{F}_3 - \tilde{F}_4} = \frac{e_2 - \wp\left(\frac{\omega}{i\pi}\ln X_2\right)}{\wp\left(\omega' - \frac{\omega}{\pi}s'\right) - \wp\left(\frac{\omega}{i\pi}\ln X_2\right)} \leqq \frac{e_2 - \wp\left(\frac{\omega}{i\pi}\ln X_2\right)}{e_3 - \wp\left(\frac{\omega}{i\pi}\ln X_2\right)}$$

$$= \frac{e_2 - e_3}{e_3 - \wp\left(\frac{\omega}{i\pi}\ln X_2\right)} + 1 = \frac{\wp\left(\omega' - \frac{\omega}{i\pi}\ln X_2\right) - e_3}{e_3 - e_1} + 1$$

$$< 1 + \frac{1}{\eta},$$

$$-(\tilde{F}_1, \tilde{F}_3, \tilde{F}_4, \tilde{F}_2) = \frac{\tilde{F}_3 - \tilde{F}_2}{\tilde{F}_2 - \tilde{F}_1} \frac{\tilde{F}_1 - \tilde{F}_4}{\tilde{F}_3 - \tilde{F}_4}$$

$$< \frac{4}{e_2 - e_3}\left(1 + \frac{1}{\eta}\right)\left\{\wp\left(\omega' - \frac{\omega}{\pi} s''\right) - \wp\left(\omega' - \frac{\omega}{\pi} s'\right)\right\}.$$

Man hat also für alle Fälle dieselbe Ungleichung.

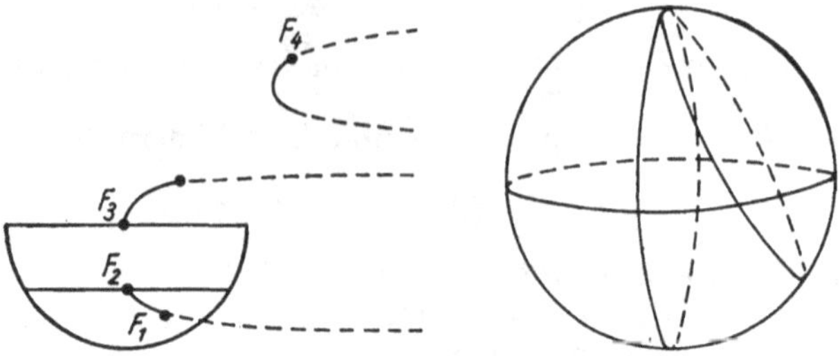

Abb. 6

Um das Lemma (S. 31) anwenden zu können, wird die konforme Abbildung der F-Halbebene auf das Strömungsgebiet betrachtet, das noch stereographisch auf die Kugel projiziert wird. Im Fall a) des unteren Hindernisses berühre eine Kugel vom Durchmesser b die z-Ebene in z''. Das Bild des Segments $\overline{F_1F_2}$ gehört in der z-Ebene zum Gebiet $|z - z''| < b$, $y \leqq y'$; es wird auf die Kugel unterhalb des Äquators projiziert. Das Bild von $\overline{F_3F_4}$ gehört zum Gebiet $y \geqq y''$ der z-Ebene. Der Abstand beider Gebiete auf der Kugel wird in zwei Punkten des Äquators erreicht, und es ist wie im Satz 4.1

$$S > \frac{1}{2}(y'' - y').$$

Im Fall b) berühre die Kugel vom Durchmesser b die z-Ebene in z'. Dann gehört das Bild von $\overline{F_1F_2}$ zum Gebiet $y > y'$. Auch hier erhält man für die kürzeste Verbindung S die Abschätzung $S > \frac{1}{2}(y'' - y')$.

Berührt im Fall des oberen Hindernisses die z-Ebene eine Kugel vom Durchmesser b_1 in z'' bzw. z', so ergibt sich auch hier in beiden Fällen $S > \frac{1}{2}(y' - y'')$.

Da man für den Flächeninhalt σ des auf die Kugel projizierten Gebietes die Ungleichung $\sigma < \pi b^2$ bzw. $\sigma < \pi b_1{}^2$ hat, so folgt wegen der Monotonie der

Funktion $\eta(i\varepsilon)$ nach dem Lemma (S. 31)

$$\eta_1\left(\frac{i}{4\pi}\,\frac{(y''-y')^2}{b^2}\right) < \frac{4}{e_2-e_3}\left(1+\frac{1}{\eta}\right)\left\{\wp\left(\omega'-\frac{\omega}{\pi}s''\right)-\wp\left(\omega'-\frac{\omega}{\pi}s'\right)\right\} \tag{4.10}$$

bzw.

$$\eta_1\left(\frac{i}{4\pi}\,\frac{(y''-y')^2}{b_1{}^2}\right) < \frac{4}{e_2-e_3}\left(1+\frac{1}{\eta}\right)\left\{\wp\left(\omega'-\frac{\omega}{\pi}s''\right)-\wp\left(\omega'-\frac{\omega}{\pi}s'\right)\right\}. \tag{4.11}$$

Wegen der Beziehung $\boldsymbol{t} = \boldsymbol{kn}$ zwischen dem Tangentenvektor $\boldsymbol{t} = (\cos\psi[l], \sin\psi[l])$ und dem Normalenvektor $\boldsymbol{n} = (-dy/dl, dx/dl)$ hat man $\sin\psi\,d\psi = \dot{\psi}[l]\,dy$, also

$$\cos\psi[l(s'')] - \cos\psi[l(s')] = \int_{y'}^{y''}\dot{\psi}[l]\,dy,$$

$$|\cos\psi[l(s'')] - \cos\psi[l(s')]| \leqq |y''-y'|\,\mathrm{Max}\,|\dot{\psi}[l]|.$$

Mit der Ungleichung $|\cos\alpha - \cos\beta| \geqq \frac{2}{\pi^2}\,|\alpha-\beta|^2$ $(0 \leqq \alpha, \beta \leqq \pi)$ folgt

$$\frac{2}{\pi^2}\,|\psi[l(s'')] - \psi[l(s')]| \leqq |y''-y'|\,\mathrm{Max}\,|\dot{\psi}[l]|$$

und analog

$$\frac{2}{\pi^2}\,|\psi_1[l_1(s'')] - \psi_1[l_1(s')]| \leqq |y''-y'|\,\mathrm{Max}\,|\dot{\psi}_1[l_1]|,$$

so daß sich aus (4.10), (4.11) die Ungleichungen

$$\eta_1\left[\frac{i}{\pi^5}\,\frac{|\psi[l(s'')] - \psi[l(s')]|}{b^2\,\{\mathrm{Max}\,|\dot{\psi}[l]|\}^2}\right]$$
$$< \frac{4}{e_2-e_3}\left(1+\frac{1}{\eta}\right)\left\{\wp\left(\omega'-\frac{\omega}{\pi}s''\right)-\wp\left(\omega'-\frac{\omega}{\pi}s'\right)\right\}, \tag{4.12}$$

$$\eta_1\left[\frac{i}{\pi^5}\,\frac{|\psi_1[l_1(s'')] - \psi_1[l_1(s)]|}{b_1{}^2\{\mathrm{Max}\,|\dot{\psi}_1[l_1]\}^2}\right]$$
$$< \frac{4}{e_2-e_3}\left(1+\frac{1}{\eta}\right)\left\{\wp\left(\omega'-\frac{\omega}{\pi}s''\right)-\wp\left(\omega'-\frac{\omega}{\pi}s'\right)\right\} \tag{4.13}$$

ergeben. Da

$$\frac{\omega}{\pi}\frac{1}{e_2-e_3}\wp'\left(\omega'-\frac{\omega}{\pi}s\right)=\frac{\vartheta_0^2\,\vartheta_3^2}{\vartheta_2^2}\frac{\vartheta_1(u)\,\vartheta_2(u)\,\vartheta_3(u)}{\vartheta_0(u)}$$

für $0 \leqq s \leqq \pi$, $q_0 \leqq q \leqq q_1$ beschränkt bleibt, ist

$$\frac{4}{e_2-e_3}\left(1+\frac{1}{\eta}\right)\left\{\wp\left(\omega'-\frac{\omega}{\pi}s''\right)-\wp\left(\omega'-\frac{\omega}{\pi}s'\right)\right\}\leqq C\,|s''-s'|,$$

und nach Einführung der Umkehrfunktion folgt aus (4.12), (4.13)

$$|\psi[l(s'')]-\psi[l(s')]|<C_1\eta_1^{-1}(C\,|s''-s'|),$$

$$|\psi_1[l_1(s'')]-\psi_1[l_1(s')]|<C_1\eta_1^{-1}\,(C\,|s''-s'|),$$

wobei C, C_1 nur von b, b_1, Max $|\dot\psi[l]|$, Max $|\dot\psi_1[l_1]|$, k, H abhängen.

Folgerung. Die Integrale $\int\limits_0^\pi e^{-2(1-\beta)^{-1}T_1(e^{is})}\,ds$, $\int\limits_0^\pi e^{-2(1-\beta)^{-1}T_2(e^{is})}\,ds$ sind beschränkt.

Beweis. Wegen Satz 4.5 werden für jede Lösung des Totwasserproblems zu einer beschränkten Familie von Hindernissen die Schwankungen von $\psi[l(s)]$ und $\psi_1[l_1(s)]$ kleiner als $2\tilde\omega(1-\beta)/2$ mit $2\tilde\omega<\pi$ auf jedem Bogen der Länge $3S$. Es genügt, eine Schranke für $\int\limits_{s_1}^{s_2} e^{-2(1-\beta)^{-1}T_1(e^{is})}\,ds$ mit $s_2-s_1=S$ zu finden. Sei $\hat\Omega_1=\hat\Theta_1+i\hat T_1$ eine in $q<|Z|<1$ reguläre, auf der reellen Achse reelle Funktion, deren Realteil die Randwerte $\hat\Theta_1(e^{is})=\dfrac{2}{1-\beta}\,\Theta_1(e^{is})$ für $s_1-S \leqq s\leqq s_2+S$, $\hat\Theta_1(e^{is})=\text{const}$ sonst, $\hat\Theta_1(qe^{is})=\hat k$ mit $\hat k=\dfrac{1}{\pi}\int\limits_0^\pi\Theta_1(e^{is})\,ds$, annimmt. Die Schwankung von $\hat\Theta_1(e^{is})$ ist dann $2\tilde\omega<\pi$. Nach (2.10) folgt für $s_1-S\leqq s\leqq s_2+S$

$$\hat T_1(e^{is})-2(1-\beta)^{-1}\,T_1(e^{is})$$

$$=-\frac{1}{\pi}\,2(1-\beta)^{-1}\int\{\Theta_1(e^{it})-\Theta_1(e^{is})\}\,\frac{d}{dt}\ln\left|\frac{\vartheta_1\left(\frac{s-t}{2\pi}\right)}{\vartheta_1\left(\frac{s+t}{2\pi}\right)}\right|\,dt,$$

wobei das Integral über die beiden Intervalle $0 \leqq t \leqq s_1 - S$, $s_2 + S \leqq t \leqq \pi$ läuft. Für $s_1 \leqq s \leqq s_2$ hat man daher $|t - s| \geqq S$, und

$$\frac{d}{dt} \ln \left| \frac{\vartheta_1\left(\frac{s-t}{2\pi}\right)}{\vartheta_1\left(\frac{s-t}{2\pi}\right)} \right| = \frac{d}{dt} \ln \left| \frac{\sin \frac{s-t}{2}}{\sin \frac{s+t}{2}} \right| - 4 \sum_{n=1}^{\infty} \frac{q^{2n}}{1-q^{2n}} \sin ns \cos nt$$

ist in $q_0 \leqq q \leqq q_1$ beschränkt. Wegen $\Theta_1(e^{is}) \leqq 2\pi$ existiert daher eine Konstante M, die von S, β, q_0, q_1 abhängt, mit

$$|\hat{T}_1(e^{is}) - 2(1-\beta)^{-1} T_1(e^{is})| < M,$$

und die Integrale $\int_{s_1}^{s_2} e^{-2(1-\beta)^{-1} T_1(e^{is})} ds$ können durch $\int_{s_1}^{s_2} e^{-\hat{T}_1(e^{is})} ds$ abgeschätzt werden. Da $\hat{\Theta}_1(e^{is})$ die Schwankung $2\tilde{\omega} < \pi$ besitzt, folgt nach Satz 4.1

$$\int_{s_1}^{s_2} e^{-\hat{T}_1(e^{is})} ds \leqq \int_0^{2\pi} e^{-\hat{T}_1(e^{is})} ds \leqq 2(\cos \tilde{\omega})^{-1} \int_0^{\pi} \cosh \hat{T}_1(qe^{is}) ds \tag{4.14}$$

mit

$$\hat{T}_1(qe^{is}) = -\frac{1}{\pi} \int_0^{\pi} \hat{\Theta}_1(e^{it}) \frac{d}{dt} \ln \frac{\vartheta_0\left(\frac{s-t}{2\pi}\right)}{\vartheta_0\left(\frac{s-t}{2\pi}\right)} dt$$

nach (2.9). Da

$$\frac{d}{dt} \ln \frac{\vartheta_0\left(\frac{s-t}{2\pi}\right)}{\vartheta_0\left(\frac{s+t}{2\pi}\right)} = -4 \sum_{n=1}^{\infty} \frac{q^n}{1-q^{2n}} \sin ns \cos nt$$

in $q_0 \leqq q \leqq q_1$ beschränkt ist, existiert eine von S, β, q_0, q_1 abhängige Schranke für die rechte Seite von (4.14). Für die Integrale $\int_0^{\pi} e^{-2(1-\beta)^{-1} T_2(e^{is})} ds$ erhält man eine von β, q_0, q_1 abhängige Schranke, da nach (2.8) wegen $\Theta_2(e^{is}) = \text{const}$ gilt

$$T_2(e^{is}) = \frac{1}{\pi} \int_0^{\pi} \Theta_2(qe^{is}) \frac{d}{dt} \ln \frac{\vartheta_0\left(\frac{s-t}{2\pi}\right)}{\vartheta_0\left(\frac{s+t}{2\pi}\right)} dt,$$

und es ist $|\Theta_2(qe^{is})| = |\psi_1[l_1(s)] - \pi - \alpha| \leqq 2\pi$.

5. Der Fall geradliniger Hindernisse

Die Winkel der beiden Hindernisse mit der x-Achse seien konstant, und zwar sei $\psi = n$, $\psi_1 = m$ $(0 < n < 1, 0 < m < 1)$. Für die Funktion $\omega_{nm}(Z, s_0, s_1)$ zu diesen Vorgaben erhält man aus (3.8)

$$\omega_{nm}(Z, s_0, s_1) = i \ln \frac{\vartheta_1(u_0 + iv)\, \vartheta_0(u_1 + iv)}{\vartheta_1(u_0 - iv)\, \vartheta_0(u_1 - iv)} + (n - 1)\, \pi . \tag{5.1}$$

Setzt man $Z = q/Z'$ (Spiegelung am Kreis $|Z| = \sqrt{q}$) und benutzt die Eigenschaften der Thetafunktionen bei Änderung des Arguments um $\tau/2$, so ergibt sich wegen $u_0 + u_1 = (\pi - \alpha)/2\pi$

$$\omega_{nm}(Z, s_0, s_1) = -\omega_{1-m,1-n}(Z', s_1, s_0) . \tag{5.2}$$

Gilt $n + m = 1$ und sind X_1, X_2 die Nullstellen von $\omega_{n,m}(Z, s_0, s_1)$ auf der reellen Achse, so sind $X_1' = q/X_1$, $X_2' = q/X_2$ die Nullstellen von $\omega_{n,m}(Z, s_1, s_0)$. Für $s_0 = s_1$ hat man daher $X_1 = -\sqrt{q}$, $X_2 = \sqrt{q}$. Insbesondere hat man wegen (5.2)

$$\begin{aligned} \tau_{n,m}(e^{is}, s_0, s_1) &= -\tau_{n,m}(qe^{-is}, s_1, s_0) = \tau_{n,m}(qe^{is}, s_1, s_0) , \\ \tau_{n,m}(qe^{is}, s_0, s_1) &= -\tau_{n,m}(e^{-is}, s_1, s_0) = \tau_{n,m}(e^{is}, s_1, s_0) . \end{aligned} \tag{5.3}$$

Wegen

$$\wp\left(\omega' - \left(\frac{\omega}{i\pi} \ln Z_1\right)\right) - \wp\left(\omega' - \frac{\omega}{i\pi} \ln Z_2\right)$$

$$= \frac{(e_3 - e_1)(e_3 - e_2)\left[\wp\left(\frac{\omega}{i\pi} \ln Z_2\right) - \wp\left(\frac{\omega}{i\pi} \ln Z_1\right)\right]}{\left[\wp\left(\frac{\omega}{i\pi} \ln Z_1\right) - e_3\right]\left[\wp\left(\frac{\omega}{i\pi} \ln Z_2\right) - e_3\right]},$$

$$\wp'\left(\omega' - \frac{\omega}{i\pi} \ln Z\right) = -\frac{(e_3 - e_1)(e_3 - e_2)}{\left[\wp\left(\frac{\omega}{i\pi} \ln Z\right) - e_3\right]^2} \wp'\left(\frac{\omega}{i\pi} \ln Z\right)$$

erhält man für die Funktion $f_1(Z)$, wenn man sie in Abhängigkeit von s_0, s_1, X_1, X_2 betrachtet,

$$f_1(Z, s_0, s_1, X_1, X_2) = \frac{\omega}{\pi} \frac{\wp'^2\left(\frac{\omega}{i\pi} \ln X_2\right)}{\wp\left(\frac{\omega}{\pi} s_0\right) - \wp\left(\frac{\omega}{i\pi} \ln X_2\right)}$$

$$\times \frac{\wp\left(\frac{\omega}{i\pi}\ln X_2\right) - \wp\left(\frac{\omega}{i\pi}\ln X_1\right)}{\wp\left(\omega' - \frac{\omega}{\pi}s_1\right) - \wp\left(\frac{\omega}{i\pi}\ln X_2\right)} \frac{\wp\left(\frac{\omega}{i\pi}\ln Z\right) - \wp\left(\frac{\omega}{\pi}s_0\right)}{\left[\wp\left(\frac{\omega}{i\pi}\ln Z\right) - \wp\left(\frac{\omega}{i\pi}\ln X_2\right)\right]^3}$$

$$\times \frac{\wp\left(\frac{\omega}{i\pi}\ln Z\right) - \wp\left(\omega' - \frac{\omega}{\pi}s_1\right)}{\wp\left(\frac{\omega}{i\pi}\ln Z\right) - \wp\left(\frac{\omega}{i\pi}\ln X_1\right)} \wp'\left(\frac{\omega}{i\pi}\ln Z\right). \tag{5.4}$$

Führt man darin die Transformation $Z = q/Z'$ aus, so ergibt sich

$$f_1(Z, s_0, s_1, X_1, X_2) = -f_1(Z', s_1, s_0, X_1', X_2');$$

für $Z = e^{is}$ und $Z = qe^{is}$ folgt insbesondere

$$f_1(e^{is}, s_0, s_1, X_1, X_2) = -f_1(qe^{-is}, s_1, s_0, X_1', X_2') = f_1(qe^{is}, s_1, s_0, X_1', X_2'),$$

$$(5.5)$$

$$f_1(qe^{is}, s_0, s_1, X_1, X_2) = -f_1(e^{-is}, s_1, s_0, X_1', X_2') = f_1(e^{is}, s_1, s_0, X_1', X_2').$$

Satz 5.1. Für $n = m = 1/2$ hat man für die die Länge des oberen Hindernisses charakterisierende Funktion $B_1(q, s_0, s_1)$ die Eigenschaft

$$B_1(q, s_0, s_1) \begin{cases} < b & \text{für} \quad 0 < s_0 < \frac{\pi}{2}, \\ = b & \text{für} \quad s_0 = \frac{\pi}{2}, \\ > b & \text{für} \quad \frac{\pi}{2} < s_0 < \pi. \end{cases}$$

Beweis. Für $n = m$ ist $\alpha = 0$ und $s_0 + s_1 = \pi$ und aus (3.15) folgt für $s_0 = s_1 = \pi/2$ mit (5.3), (5.5)

$$B_1\left(q, \frac{\pi}{2}, \frac{\pi}{2}\right) = -A \int_0^\pi e^{-\tau\left(qe^{is}, \frac{\pi}{2}, \frac{\pi}{2}\right)} f_1\left(qe^{is}, \frac{\pi}{2}, \frac{\pi}{2}\right) ds$$

$$= -A \int_0^\pi e^{-\tau\left(e^{is}, \frac{\pi}{2}, \frac{\pi}{2}\right)} f_1\left(e^{is}, \frac{\pi}{2}, \frac{\pi}{2}\right) ds = b.$$

Da die Randwerte von Ω wegen $\alpha = 0$, $n = m = \dfrac{1}{2}$ auf beiden Kreisen $-\pi/2$ sind, hat man $\Omega = -\pi/2$, und die Nullstellen von $\omega(Z)$ auf der reellen Achse berechnen sich nach (3.20) wegen $u_1 = 1/2 - u_0$, $\vartheta_0(iv - u_1) = \vartheta_3(iv + u_0)$, $\vartheta_0(iv + u_1) = \vartheta_3(iv - u_0)$ aus

$$\frac{\vartheta_1(iv_2 - u_0)\,\vartheta_3(iv_2 + u_0)}{\vartheta_1(iv_2 + u_0)\,\vartheta_3(iv_2 - u_0)} = e^{i\Omega} = -i.$$

Wegen der Beziehung

$$\vartheta_1(iv - u_0)\,\vartheta_3(iv + u_0) = \frac{1}{\vartheta_2\vartheta_3}\,\{\vartheta_1(u_0)\,\vartheta_3(u_0)\,\vartheta_2(iv)\,\vartheta_0(iv) - \vartheta_1(iv)\,\vartheta_3(iv)\,\vartheta_2(u_0)\,\vartheta_0(u_0)\}$$

folgt daraus

$$\frac{\vartheta_1(u_0)\,\vartheta_3(u_0)}{\vartheta_2(u_0)\,\vartheta_0(u_0)} = -i\,\frac{\vartheta_1(iv_2)\,\vartheta_3(iv_2)}{\vartheta_2(iv_2)\,\vartheta_0(iv_2)}. \tag{5.6}$$

Mit Hilfe der Jacobischen Funktionen gilt

$$g(u_0) = \frac{\vartheta_1(u_0)\,\vartheta_3(u_0)}{\vartheta_2(u_0)\,\vartheta_0(u_0)} = \frac{\operatorname{sn} w \operatorname{dn} w}{\operatorname{cn} w} \qquad (w = 2\omega u_0),$$

und es ist $g(u_0)$ in $0 < u_0 < 1/2$ wegen

$$g'(u_0) = \frac{2\omega}{\operatorname{cn}^2 w}\,\{\operatorname{cn}^2 w \operatorname{dn}^2 w + (1 - k^2)\operatorname{sn}^2 w\} > 0$$

monoton wachsend. Weiter ist

$$f(\hat{v}) = i\,\frac{\vartheta_1(iv)\,\vartheta_3(iv)}{\vartheta_2(iv)\,\vartheta_0(iv)} = i\,\frac{\operatorname{sn} i\hat{v} \operatorname{dn} i\hat{v}}{\operatorname{cn} i\hat{v}} \qquad (\hat{v} = 2\omega v)$$

wegen

$$f'(\hat{v}) = -\frac{1}{\operatorname{cn}^2 i\hat{v}}\,\{\operatorname{dn}^2 i\hat{v} - k^2 \operatorname{sn}^2 i\hat{v} \operatorname{dn}^2 i\hat{v}\} < 0$$

für $i\tau/2 < v < 0$ monoton fallend. Daher gehört zu jedem X_2 in $q < X_2 < 1$ genau ein u_0 in $0 < u_0 < 1/2$, so daß $\omega(X_2) = 0$ gilt. Wegen $\omega(-q/Z) = \omega(Z)$ ist $X_1 = -q/X_2$ die einzige Nullstelle von $\omega(Z)$ in $-1 < Z < -q$. Aus Periodizitätseigenschaften der Thetafunktionen folgt $g(1/2 - u_0) = 1/g(u_0)$, so daß $g(1/4) = 1$ gilt. Es ist also $0 < g(u_0) < 1$ für $0 < u_0 < 1/4$. In gleicher Weise ergibt sich $0 < f(v) < 1$ für $0 > v > i\tau/4$. Zu gegebenem X_2 in $\sqrt{q} < X_2 < 1$ ergibt sich daher ein u_0 in $0 < u_0 < 1/4$.

Mit

$$B(q, s_0, s_1) = A \int_0^{\pi} e^{-\tau(e^{is}, s_0, s_1)} f_1(e^{is}, s_0, s_1)\, ds$$

folgt wegen der Symmetrieeigenschaften (5.3), (5.5)

$$\begin{aligned} B_1(q, s_0, s_1) &= A \int_0^{\pi} e^{-\tau(qe^{is}, s_0, s_1)} f_1(qe^{is}, s_0, s_1)\, ds \\ &= A \int_0^{\pi} e^{-\tau(e^{is}, s_1, s_0)} f_1(e^{is}, s_1, s_0)\, ds \\ &= B(q, s_1, s_0)\,, \end{aligned}$$

d. h., die Längen der beiden Hindernisse werden bei Vertauschung der Parameter s_0, s_1 ebenfalls vertauscht. Um die Behauptung des Satzes nachzuweisen, hat man das Vorzeichen der Differenz

$$\begin{aligned} I(s_0, s_1) &= B(q, s_0, s_1) - B_1(q, s_0, s_1) \\ &= B(q, s_0, s_1) - B(q, s_1, s_0) \end{aligned}$$

zu untersuchen. Wegen $I(s_0, s_1) = -I(s_1, s_0)$ genügt es, $I(s_0, s_1) > 0$ für $0 < s_0 < \pi/2$ $(0 < u_0 < 1/4)$ zu bestätigen. Es ist

$$\begin{aligned} I(s_0, s_1) = A \int_0^{\pi} \{&e^{-\tau(e^{is}, s_0, s_1)} f_1(e^{is}, s_0, s_1) \\ &- e^{-\tau(e^{is}, s_1, s_0)} f_1(e^{is}, s_1, s_0)\}\, ds\,. \end{aligned}$$

Mit Hilfe der Thetafunktionen erhält man

$$\begin{aligned} f_1(Z, s_0, s_1) &= A_1 \vartheta_1(iv)\, \vartheta_2(iv)\, \vartheta_3(iv)\, \vartheta_0(iv) \\ &\times \frac{\vartheta_1(u_0 - iv)\, \vartheta_1(u_0 + iv)\, \vartheta_0(u_1 - iv)\, \vartheta_0(u_1 + iv)}{\vartheta_1{}^3(iv - iv_2)\, \vartheta_1{}^3(iv + iv_2)\, \vartheta_1(iv - iv_1)\, \vartheta_1(iv + iv_1)}\,, \\ A_1 &= \left(\frac{\pi}{\omega}\right)^2 \vartheta_1{}^2(iv_2)\, \vartheta_2{}^2(iv_2)\, \vartheta_3{}^2(iv_2)\, \vartheta_0{}^2(iv_2) \\ &\times \frac{\vartheta_1(iv_1 - iv_2)\, \vartheta_1'(iv_1 + iv_2)}{\vartheta_1(u_0 - iv_2)\, \vartheta_1(u_0 + iv_2)\, \vartheta_0(u_1 - iv_2)\, \vartheta_0(u_1 + iv_2)}\,. \end{aligned}$$

Ferner ist wegen (5.2)

$$\tau(e^{is}, s_0, s_1) = \ln \left| \frac{\vartheta_1(u_0 - u)\, \vartheta_0(u_1 - u)}{\vartheta_1(u_0 + u)\, \vartheta_0(u_1 + u)} \right|. \tag{5.7}$$

Mit $X_1 = -q/X_2$, d. h. $iv_1 = i/2 + i\tau/2 - iv_2$ und $u_1 = 1/2 - u_0$ erhält man aus Eigenschaften der Thetafunktionen

$$f_1(e^{is}, s_0, s_1)\, e^{-\tau(e^{is}, s_0, s_1)}$$

$$= AA_2 \frac{\vartheta_1^2(u + u_0)\, \vartheta_3^2(u - u_0)}{|\vartheta_1^6(u + iv_2)\, \vartheta_3^2(u + iv_2)|} \vartheta_1(u)\, \vartheta_2(u)\, \vartheta_3(u)\, \vartheta_0(u),$$

$$A_2 = A_1 e^{-\pi i\left[2v_2 - \frac{\tau}{2}\right]}.$$

Bei Vertauschung der Parameter s_0 und s_1 gilt $X_1' = q/X_1 = -X_2$, $X_2' = q/X_2$, d. h. $iv_1' = 1/2 + iv_2$, $iv_2' = i\tau/2 - iv_2$, und Periodizitätseigenschaften der Thetafunktionen ergeben

$$f_1(e^{is}, s_1, s_0)\, e^{-\tau(e^{is}, s_1, s_0)}$$

$$= AA_2 \frac{\vartheta_2^2(u + u_0)\, \vartheta_0^2(u + u_0)}{|\vartheta_0^6(u + iv_2)\, \vartheta_2^2(u + iv_2)|} \vartheta_1(u)\, \vartheta_2(u)\, \vartheta_3(u)\, \vartheta_0(u).$$

Daher wird

$$I(s_0, s_1) = 2\pi AA_2 \int\limits_0^{1/2} \left\{ \frac{\vartheta_1^2(u + u_0)\, \vartheta_3^2(u - u_0)}{|\vartheta_1^6(u + iv_2)\, \vartheta_3^2(u + iv_2)|} - \frac{\vartheta_2^2(u - u_0)\, \vartheta_0^2(u + u_0)}{|\vartheta_0^6(u + iv_2)\, \vartheta_2^2(u + iv_2)|} \right\}$$

$$\times\, \vartheta_1(u)\, \vartheta_2(u)\, \vartheta_3(u)\, \vartheta_0(u)\, du.$$

Setzt man

$$Q_1(u) = |\vartheta_0(u + iv_2)\, \vartheta_2(u + iv_2)\, \vartheta_1(u + u_0)\, \vartheta_3(u - u_0)|^2$$

$$Q_2(u) = |\vartheta_1(u + iv_2)\, \vartheta_3(u + iv_2)\, \vartheta_2(u - u_0)\, \vartheta_0(u + u_0)|^2$$

$$Q(u) = \frac{\vartheta_1(u)\, \vartheta_2(u)\, \vartheta_3(u)\, \vartheta_0(u)}{|\vartheta_1^2(u + iv_2)\, \vartheta_0^2(u + iv_2)\, \vartheta_2^2(u + iv_2)\, \vartheta_3^2(u + iv_2)|},$$

so hat man $Q_1(1/2u) = Q_2(u)$, $Q_2(1/2 - u) = Q_1(u)$, $Q(1/2 - u) = Q(u)$. Daher folgt

$$I(s_0, s_1) = 2\pi AA_2 \int\limits_0^{1/2} \left\{ \frac{Q_1(u)}{|\vartheta_1^4(u + iv_2)|} - \frac{Q_2(u)}{|\vartheta_0^4(u + iv_2)|} \right\} Q(u)\, du.$$

Wegen

$$\vartheta_2 \vartheta_0 \vartheta_1(u + u_0)\, \vartheta_3(u - u_0) = \vartheta_2(u_0)\, \vartheta_0(u_0)\, \vartheta_1(u)\, \vartheta_3(u) + \vartheta_1(u_0)\, \vartheta_3(u_0)\, \vartheta_2(u)\, \vartheta_0(u),$$

$$\vartheta_2 \vartheta_0 \vartheta_2(u - v_2)\, \vartheta_0(u + v_2) = \vartheta_2(v_2)\, \vartheta_0(v_2)\, \vartheta_2(u)\, \vartheta_0(u) + \vartheta_1(v_2)\, \vartheta_3(v_2)\, \vartheta_1(u)\, \vartheta_3(u)$$

und der Beziehung (5.6) zwischen u_0 und v_2 folgt

$$\begin{aligned}\vartheta_2^4\vartheta_0^4 Q_1(u) &= \vartheta_2^2(u_0)\,\vartheta_0^2(u_0)\,\vartheta_2^2(iv_2)\,\vartheta_0^2(iv_2)\\ &\times \{\vartheta_1(u)\,\vartheta_3(u) + g(u_0)\,\vartheta_2(u)\,\vartheta_0(u)\}^2\,\{\vartheta_2^2(u)\,\vartheta_0^2(u)\\ &- g^2(u_0)\,\vartheta_1^2(u)\,\vartheta_3^2(u)\}\end{aligned}$$

und analog

$$\begin{aligned}\vartheta_2^4\vartheta_0^4 Q_2(u) &= \vartheta_2^2(u_0)\,\vartheta_0^2(u_0)\,\vartheta_2^2(iv_2)\,\vartheta_0^2(iv_2)\\ &\times \{\vartheta_1^2(u)\,\vartheta_3^2(u) - g^2(u_0)\,\vartheta_2^2(u)\,\vartheta_0^2(u)\}\\ &\times \{\vartheta_2(u)\,\vartheta_0(u) + g(u_0)\,\vartheta_1(u)\,\vartheta_3(u)\}^2,\end{aligned}$$

so daß

$$\begin{aligned}\vartheta_2^4\vartheta_0^4\{Q_1(u) - Q_2(u)\} &= 2g(u_0)\,\vartheta_1(u)\,\vartheta_2^3(u)\,\vartheta_3(u)\,\vartheta_0^3(u)\\ &\times \{[1 - g^2(u)] + g^2(u_0)\,[1 - g^2(u)]\}\\ &+ 2g^2(u_0)\,\vartheta_2^4(u_0)\,\vartheta_0^4(u)\,[1 - g^4(u)]\end{aligned}$$

folgt. Weil $0 \leqq g(u) \leqq 1$ in $0 \leqq u \leqq 1/4$ gilt, hat man $Q_1(u) \geqq Q_2(u)$ in $0 \leqq u \leqq 1/4$. Wegen

$$\vartheta_3^2\vartheta_1(u - v)\,\vartheta_1(u + v) = \vartheta_3^2(v)\,\vartheta_1^2(u) - \vartheta_1^2(v)\,\vartheta_3^2(u),$$

$$\vartheta_3^2\vartheta_0(u - v)\,\vartheta_0(u + v) = \vartheta_2^2(v)\,\vartheta_1^2(u) + \vartheta_0^2(v)\,\vartheta_3^2(u),$$

$$\vartheta_3^2(v) - \vartheta_2^2(v) = \vartheta_0\left(0, \frac{\tau}{2}\right)\vartheta_0\left(v, \frac{\tau}{2}\right),$$

$$\vartheta_0^2(v) + \vartheta_1^2(v) = \vartheta_3\left(0, \frac{\tau}{2}\right)\vartheta_0\left(v, \frac{\tau}{2}\right),$$

$$\frac{\vartheta_3\left(0, \frac{\tau}{2}\right)}{\vartheta_0\left(0, \frac{\tau}{2}\right)} = \frac{\vartheta_0^2(0, \tau)}{\vartheta_3^2(0, \tau) - \vartheta_2^2(0, \tau)} = \frac{k'}{1 - k},$$

$$(1 - k)\,\vartheta_1^2(u) - k'\vartheta_3^2(u) = \vartheta_1^2(u) - \vartheta_0^2(u) = -\vartheta_0\left(0, \frac{\tau}{2}\right)\vartheta_3\left(u, \frac{\tau}{2}\right)$$

folgt

$$\vartheta_3^2\{|\vartheta_1^2(u + v)| - |\vartheta_0^2(u + v)|\} = -\frac{1}{1 - k}\,\vartheta_0^2\left(0, \frac{\tau}{2}\right)\vartheta_3\left(u, \frac{\tau}{2}\right)\vartheta_0\left(v, \frac{\tau}{2}\right),$$

daher wird für $i\tau/4 < v_2 < 0$

$$|\vartheta_1^2(u + iv_2)| < |\vartheta_0^2(u + iv_2)|.$$

Analog folgt aus den Beziehungen

$$\vartheta_3^2\vartheta_3(u-v)\,\vartheta_3(u+v) = \vartheta_1^2(v)\,\vartheta_1^2(u) + \vartheta_3^2(v)\,\vartheta_3^2(u),$$

$$\vartheta_3^2\vartheta_0(u-v)\,\vartheta_0(u+v) = \vartheta_2^2(v)\,\vartheta_1^2(u) + \vartheta_0^2(v)\,\vartheta_3^2(u),$$

$$\vartheta_3^2(v) - \vartheta_0^2(v) = 2\vartheta_2(0, 2\tau)\,\vartheta_3(2v, 2\tau),$$

$$\vartheta_2^2(v) - \vartheta_1^2(v) = 2\vartheta_3(0, 2\tau)\,\vartheta_3(2v, 2\tau),$$

$$\frac{\vartheta_2(0, 2\tau)}{\vartheta_3(0, 2\tau)} = \frac{\vartheta_2^2(0, \tau)}{\vartheta_3^2(0, \tau) + \vartheta_0^2(0, \tau)} = \frac{k}{1+k'},$$

$$(1+k')\,\vartheta_1^2(u) - k\vartheta_3^2(u) = \vartheta_1^2(u) - \vartheta_2^2(u) = -2\vartheta_3(0, 2\tau)\,\vartheta_2(2u, 2\tau)$$

$$\vartheta_3^2\{|\vartheta_3^2(u+v_2)| - |\vartheta_0^2(u+v)|\} = \frac{4}{1+k'}\,\vartheta_3^2(0, 2\tau)\,\vartheta_2(2u, 2\tau)\,\vartheta_2(2v, 2\tau),$$

so daß für $0 < u < 1/4$ gilt

$$|\vartheta_3^2(u+iv_2)| > |\vartheta_0^2(u+iv_2)|.$$

Daher folgt

$$I(s_0, s_1) > 2\pi A A_2 \int_0^{1/2} \frac{Q_1(u) - Q_2(u)}{|\vartheta_0^4(u+iv_2)|}\,Q(u)\,du$$

$$= 2\pi A A_2 \int_0^{1/2} \{Q_1(u) - Q_2(u)\}\,Q(u)$$

$$\times \left\{\frac{1}{|\vartheta_0^4(u+iv_2)|} - \frac{1}{|\vartheta_3^4(u+iv_2)|}\right\} du > 0.$$

Satz 5.2. Die Funktion $K(q) = A \int_{-1}^{-q} \sin\vartheta(\xi)\,f_1(\xi)\,\frac{d\xi}{i\xi} + \psi_1$ erfüllt für $n = m = 1/2$, $s_0 = s_1 = \pi/2$ die Bedingungen

$$\lim_{q\to+0} K(q) = \infty, \qquad \lim_{q\to1-0} K(q) = 0.$$

Beweis. a) Der Fall $q \to 1-0$ ist wegen $q = e^{i\pi\tau}$, $\tau = it$ durch $t \to +o$ gekennzeichnet. Aus den Beziehungen

$$\vartheta_1(w) = i\sqrt{\frac{i}{\tau}}\,e^{-\frac{i\pi}{\tau}w^2}\,\vartheta_1\left(\frac{w}{\tau}, -\frac{1}{\tau}\right),$$

$$\vartheta_2(w) = \sqrt{\frac{i}{\tau}}\, e^{-\frac{i\pi}{\tau}w^2} \vartheta_0\left(\frac{w}{\tau}, -\frac{1}{\tau}\right),$$

$$\vartheta_3(w) = \sqrt{\frac{i}{\tau}}\, e^{-\frac{i\pi}{\tau}w} \vartheta_3\left(\frac{w}{\tau}, -\frac{1}{\tau}\right),$$

$$\vartheta_0(w) = \sqrt{\frac{i}{\tau}}\, e^{-\frac{i\pi}{\tau}w^2} \vartheta_2\left(\frac{w}{\tau}, -\frac{1}{\tau}\right)$$

erhält man das Verhalten der Thetafunktionen für $t \to +o$:

$$\vartheta_1(w) = \sqrt{\frac{i}{\tau}}\, e^{-\frac{i\pi}{\tau}\left(w-\frac{1}{2}\right)^2} \{1 + o(1)\}, \quad \operatorname{Re} w > 0,$$

$$\vartheta_1(w) = 2i\sqrt{\frac{i}{\tau}}\, e^{-\frac{i\pi}{\tau}\left(w^2+\frac{1}{4}\right)} \sin\frac{\pi}{\tau}\, w\{1 + o(1)\}, \quad \operatorname{Re} w = 0,$$

$$\vartheta_2(w) = \sqrt{\frac{i}{\tau}}\, e^{-\frac{i\pi}{\tau}w^2} \{1 + o(1)\}, \quad -\frac{1}{2} < \operatorname{Re} w < \frac{1}{2},$$

$$\vartheta_3(w) = \sqrt{\frac{i}{\tau}}\, e^{-\frac{i\pi}{\tau}w^2} \{1 + o(1)\}, \quad -\frac{1}{2} < \operatorname{Re} w < \frac{1}{2},$$

$$\vartheta_0(w) = \sqrt{\frac{i}{\tau}}\, e^{-\frac{i\pi}{\tau}\left(w-\frac{1}{2}\right)^2} \{1 + o(1)\}, \quad \operatorname{Re} w > 0,$$

$$\vartheta_0(w) = 2\sqrt{\frac{i}{\tau}}\, e^{-\frac{i\pi}{\tau}\left(w^2+\frac{1}{4}\right)} \cos\frac{\pi}{\tau}\, w\{1 + o(1)\}, \quad \operatorname{Re} w = 0.$$

Wegen $u_0 = u_1 = 1/4$ hat man $iv_2 = \tau/4$, $iv_1 = i/2 + i\tau/4 = i/2 + iv_2$ für die Nullstellen von $\omega(Z)$. Daher folgt mit (5.7), (3.8) aus (4.8)

$$b = 2\pi A A_1 \int_0^{1/2} \frac{\vartheta_1^2(u_0 + u)\, \vartheta_0^2(u_0 + u)\, \vartheta_1(u)\, \vartheta_2(u)\, \vartheta_3(u)\, \vartheta_0(u)}{\vartheta_1^3(u - iv_2)\, \vartheta_1^3(u + iv_2)\, \vartheta_2(u - iv_2)\, \vartheta_2(u + iv_2)}\, du.$$

Aus dem Verhalten der Thetafunktionen ergibt sich daher für $t \to +o$

$$b = \frac{\tau}{i\pi} A A_1 e^{-\frac{i\pi}{\tau}\left(8v_2^2 - \frac{3}{4}\right)} \{1 + o(1)\}. \tag{5.10}$$

Drückt man den Fluß ψ_1 durch Thetafunktionen aus, so wird

$$\psi_1 = \pi A A_1 \frac{\vartheta_1(v_1 i - u_0)\,\vartheta_1(v_1 i + u_0)\,\vartheta_0(v_1 i - u_1)\,\vartheta_1(v_1 i + u_1)}{\vartheta_1{}^3(v_1 i - i v_2)\,\vartheta_1{}^3(v_1 i + i v_2)}. \tag{5.11}$$

Mit $u_0 = u_1 = 1/4$, $i/2 + iv_2 = iv_1$ folgt daraus für $t \to +o$

$$\psi_1 = -\pi i \tau A A_1 e^{-\frac{i\pi}{\tau}\left(8v_2^2+\frac{1}{4}\right)}\{1 + o(1)\}.$$

Zusammen mit (5.10) hat man also

$$\psi_1 = \pi b e^{-\frac{i\pi}{\tau}}\{1 + o(1)\} \quad \text{für} \quad t \to +o.$$

Den ersten Summanden in (5.8) kann man wegen der Symmetrieeigenschaft (5.2) in

$$I = 2A \int\limits_{-1}^{-\sqrt{q}} \sin\vartheta(\xi)\, f_1(\xi)\, \frac{d\xi}{i\xi}$$

umformen. Mit $is = (1/2\pi i)\ln\xi - 1/2$ folgt daraus

$$I = -4\pi A A_1 \int\limits_0^{\tau/4i} \sin\vartheta(is)$$

$$\times \frac{\vartheta_2(u_0 - is)\,\vartheta_2(u_0 + is)\,\vartheta_3(u_0 - is)\,\vartheta_3(u_0 + is)}{\vartheta_2{}^3(iv_2 - is)\,\vartheta_2{}^3(iv_2 + is)\,\vartheta_1(iv_2 - is)\,\vartheta_1(iv_2 + is)}\,\vartheta_1(is)\,\vartheta_1(is)\,\vartheta_3(is)\,ds.$$

Wegen (5.1) ist

$$e^{i\vartheta(is)} = \frac{\vartheta_2(u_0 + is)\,\vartheta_3(u_0 + is)}{\vartheta_2(u_0 - is)\,\vartheta_3(u_0 - is)} = e^{-\frac{2i\pi}{\tau}\left(is - \frac{\tau}{4}\right)}\{1 + o(1)\},$$

so daß

$$\sin\vartheta(is) = -\sin\frac{2i\pi}{\tau}\left(s - \frac{\tau}{4i}\right)\{1 + o(1)\}$$

gilt. Daher folgt zusammen mit (5.9), (5.10)

$$I = \frac{4\pi i}{\tau}\, b e^{-\frac{i\pi}{\tau}} \int\limits_0^{\tau/4i} \sin\frac{2i\pi}{\tau}\left(s - \frac{\tau}{4i}\right) \frac{\sin\frac{i\pi}{\tau} is \cos\frac{i\pi}{\tau} is}{\sin\frac{i\pi}{\tau}\left(\frac{\tau}{4} - is\right)\sin\frac{i\pi}{\tau}\left(\frac{\tau}{4} + is\right)}\, ds$$

$$\times \{1 + o(1)\}$$

und daraus das behauptete Verhalten für $t \to +o$.

b) Für $q \to +o$ erhält man mit Hilfe der Thetareihen Formeln, die die Strömung um ein einziges Hindernis charakterisieren. Aus (5.7) entsteht

$$e^{-\tau(e^{is})} = \left| \frac{\sin \frac{s + s_0}{2}}{\sin \frac{s - s_0}{2}} \right|.$$

Schreibt man (3.26), (5.11) in der Form

$$b = 2\pi A A_1 q I_1, \qquad \psi = \pi A A_1 g,$$

so wird für $u_0 = u_0'$, $iv_2 = i\tau/4$, $iv_1 = i/2 + iv_2$

$$\lim_{q \to +0} I_1 = \lim_{q \to +o} \int_0^{1/2} e^{-\tau(e^{is})}$$

$$\times \frac{\vartheta_1(u_0 + u)\,\vartheta_1(u_0 - u)\,\vartheta_0(u_0 + u)\,\vartheta_0(u_0 - u)}{\vartheta_1{}^3(u - iv_2)\,\vartheta_1{}^3(u + iv_2)\,\vartheta_2(u - iv_2)\,\vartheta_2(u + iv_2)}\,\vartheta_1(u)\,\vartheta_2(u)\,\vartheta_3(u)\,\vartheta_0(u)\,du$$

$$= 4 \int_0^{1/2} \left| \frac{\sin \frac{s + s_0}{2}}{\sin \frac{s - s_0}{2}} \right| \sin s\,(\cos s - \cos s_0)\,ds,$$

$$\lim_{q \to +o} g = \lim_{q \to +o} \frac{\vartheta_2(u_0 - iv_2)\,\vartheta_2(u_0 + iv_2)\,\vartheta_3\left(u_0 - \frac{\tau}{4}\right)\vartheta_3\left(u_0 + \frac{\tau}{4}\right)}{\vartheta_2{}^3(o)\,\vartheta_2{}^3(2v_2)} = \frac{1}{8},$$

so daß für $\psi = (1/q)\,(b/2I_1)\,g$ $\lim_{q \to +o} \psi_1 = \infty$ und damit auch $\lim_{q \to +o} K(q) = \infty$ folgt.

6. Die Existenz der Lösung des Totwasserproblems

Satz 6.1. Es seien zwei Hindernisse durch ihre Winkel $\psi(l)$, $\psi_1(l_1)$ mit der x-Achse, die Längen b, b_1 und den vertikalen Abstand k der beiden Punkte P_1, P_2' gegeben; es gelte $\varepsilon \leqq \psi(l) \leqq \pi - \varepsilon$, $\varepsilon \leqq \psi_1(l_1) \leqq \pi - \varepsilon$, ferner seien die Krümmungen $\dot{\psi}(l)$, $\dot{\psi}_1(l_1)$ stetig. Zu vorgegebenem $H > 0$ existiert dann eine Lösung des Totwasserproblems, bei der der horizontale Abstand h der beiden Punkte P_1, P_2' die Bedingung $|h| < H$ erfüllt.

Beweis. Die Existenz einer Lösung ist mit der Existenz eines Fixpunktes des Operators V in der Menge $\mathfrak{D} = \{x,\ x = [l(s), l_1(s), \sigma, q],\ l(s), l_1(s) \in \mathbf{B},\ 0 < \sigma < \pi,\ 0 < q < 1\}$ äquivalent. V ist stetig und vollstetig. Für jede Lösung gibt es nur von den Vorgaben abhängige Zahlen q_0, q_1, δ, C, so daß $q_0 < q < q_1$, $-1 + \delta < X_1 < -q - \delta$, $q + \delta < X_2 < 1 - \delta$, $||l(s)|| < C$, $||l_1(s)|| < C$ gilt. Nach (3.19) bzw. (3.19') entspricht für $\alpha \geqq 0$ dem Intervall $q < X_2 < 1$ das Intervall $0 < s_0 < \pi - \alpha$ und für $\alpha < 0$ dem Intervall $-1 < X_1 < -q$ das Intervall $-\alpha < s_0 < \pi$ des Parameters s_0. Es gibt daher eine nur von den Vorgaben abhängige Zahl $\eta > 0$, so daß für alle Lösungen der durch (3.21) bestimmte Parameter σ in $\eta < \sigma < \pi - \eta$ liegt. Auf dem Rand der Menge $\mathfrak{D}_1 \subset \mathfrak{D}$ mit $||l(s)|| < C$, $||l_1(s)|| < C$, $q_0 < q < q_1$, $\eta < \sigma < \pi - \eta$ existiert daher keine Lösung von $Vx = x$. Das trifft dann auch für die beschränkte Familie von Hindernissen mit den Winkeln $\psi_t[l] = t\psi[l] + (1 - t)\,\pi/2$, $\psi_{1t}[l_1] = t\psi_1[l_1] + (1 - t)\,\pi/2$ und den Längen $b_t = b$, $b_{1t} = tb_1 + (1 - t)\,b$ $(0 \leqq t \leqq 1)$ zu. Variiert t von 1 bis 0, so gehen die beiden Hindernisse in zwei Geradenstücke mit den Winkeln $\pi/2$ und den Längen b über. V hängt stetig von t ab, so daß der Totalindex der Lösungen konstant ist. Für $t = 0$ ist $\alpha = 0$, $s_0 = s_1 = \pi/2$, $\sigma = \pi/2$, und in (3.24) ist nach Satz 5.1

$$b - B_1(q, s_0, s_1) \begin{cases} = 0 & \left(s_0 = \dfrac{\pi}{2}\right), \\ > 0 & \left(0 < s_0 < \dfrac{\pi}{2}\right), \\ < 0 & \left(\dfrac{\pi}{2} < s_0 < \pi\right), \end{cases}$$

nach Satz 5.2 gilt $-\infty < k - K(q) < k$ in $0 < q < 1$ für $s_0 = \pi/2$, während die rechten Seiten in (3.22), (3.23) von $l(s)$, $l_1(s)$ unabhängig sind. Der Totalindex der Lösungen ist also für $t = 0$ von Null verschieden, damit auch für $t = 1$, und es existiert mindestens eine Lösung von $Vx = x$ in $\mathfrak{D}_1$.

TEIL II. SYMMETRISCHE TOTWASSERSTRÖMUNGEN

1. Formulierung der Totwasserprobleme

In einer ebenen stationären und wirbelfreien Strömung einer idealen inkompressiblen Flüssigkeit, die von zwei festen Wänden begrenzt wird, deren Tangentenrichtungen im Unendlichen mit der Strömungsrichtung im Unendlichen übereinstimmt, befinde sich ein Hindernis. Hinter dem Hindernis bilde sich ein endliches oder unendliches Totwassergebiet aus; es wird begrenzt vom Hindernis und freien Linien, auf denen die Geschwindigkeit konstant ist. Für ein unendliches Totwassergebiet verlaufen die freien Linien stromabwärts ins Unendliche, und die Geschwindigkeit auf ihnen stimmt mit der Geschwindigkeit der Strömung im Unendlichen überein, während sich für ein endliches Totwassergebiet die freien Linien in einem endlichen Punkt E treffen.

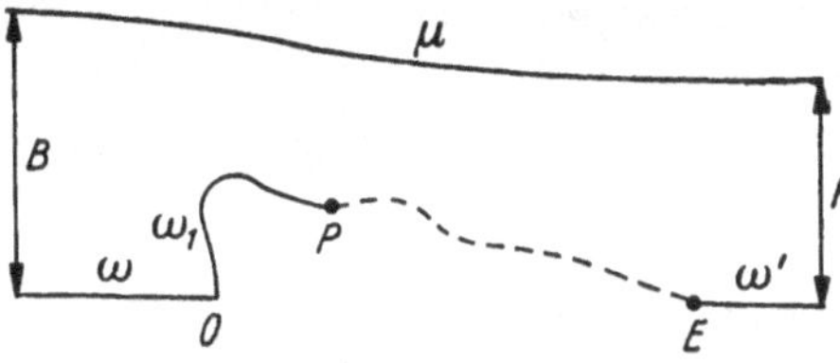

Abb. 7

Der Staupunkt sei der Ursprung O eines Koordinatensystems, dessen x-Achse in die Richtung der Strömung im Unendlichen weist. Es sollen symmetrische Strömungen um symmetrische Hindernisse betrachtet werden. Das Strömungsgebiet R wird dann begrenzt von der Wand μ, der negativen reellen Achse ω bis O, dem Hindernis $\widehat{OP}$, der freien Linie λ, die entweder ins Unendliche verläuft oder im Punkt E die reelle Achse trifft, und der reellen Achse ω' von E bis ins Unendliche. Die Strombreite stromabwärts sei H. Sei $f(z) = \varphi + i\psi$ das komplexe Potential; es ist eine reguläre Funktion in R und bildet R konform auf einen Parallelstreifen der Breite Q mit $f(0) = 0$, $f(\infty) = \infty$, $f(-\infty) = -\infty$ ab. Die Werte des Geschwindigkeitspotentials φ in P und E seien φ_1

und φ_2. Durch die Funktion

$$f = \frac{1}{h} \ln \frac{F+h}{F}, \qquad h = \frac{\pi}{Q} \tag{1.1}$$

wird der Streifen konform auf die obere F-Halbebene abgebildet, denn die Funktion $f(F)$ ist für $-\infty < F < -h$ und $0 < F < \infty$ reell und monoton fallend, während in $-h < F < 0$ ihr Imaginärteil konstant und ihr Realteil monoton wächst. Die Werte φ_1 und φ_2 werden für a_1 bzw. a_2 angenommen:

$$\varphi_1 = \frac{1}{h} \ln \frac{a_1+h}{a_1}, \qquad \varphi_2 = \frac{1}{h} \ln \frac{a_2+h}{a_2} \tag{1.2}$$

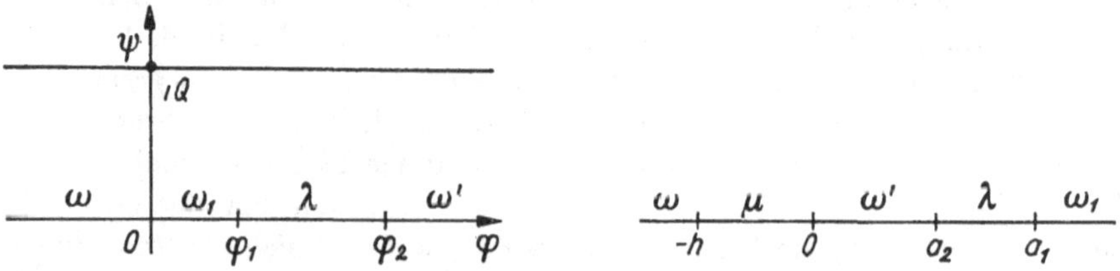

Abb. 8

Es ist $a_2 < a_1$ wegen $\varphi_1 < \varphi_2$. Setzt man

$$F = \frac{a_2 + a_1 F'^2}{1 + F'^2} \tag{1.3}$$

und anschließend

$$F' = \frac{1-\zeta}{1+\zeta}, \tag{1.4}$$

so wird die obere F-Halbebene zunächst auf einen Quadranten und schließlich auf die obere Hälfte des Einheitskreises der ζ-Ebene abgebildet. Dabei geht die freie Linie in die reelle Achse und die Teile ω', μ, ω, ω_1 der rellen Achse in der F-Ebene in die Punkte $\zeta = e^{is}$ mit $0 < s < s_0$, $s_0 < s < s_1$, $s_1 < s < \pi/2$ bzw. $\pi/2 < s < \pi$ über. Ein unendliches Totwasser wird durch $s_0 = 0$ charakterisiert. Die Zusammensetzung der Abbildungen (1.3) und (1.4) liefert

$$F = \frac{(a_1 + a_2)(1 + \zeta^2) - 2(a_1 - a_2)\zeta}{2(1 + \zeta^2)}. \tag{1.5}$$

Da $\zeta = e^{is_0}$ dem Punkt $F = 0$, $\zeta = e^{is_1}$ dem Punkt $F = -h$ entsprechen, gilt

$$\cos s_0 = \frac{a_1 - a_2}{a_1 + a_2}, \qquad \cos s_1 = \frac{a_1 - a_2}{a_1 + a_2 + h} \tag{1.6}$$

bzw.

$$a_1 = -h \frac{\cos s_1(1 + \cos s_0)}{\cos s_1 - \cos s_0}, \qquad a_2 = -h \frac{\cos s_1(1 - \cos s_0)}{\cos s_1 - \cos s_0}. \tag{1.7}$$

Zusammen mit (1.1) folgt aus (1.5)

$$\frac{df}{d\zeta} = 2\frac{Q}{\pi}(\cos s_0 - \cos s_1)\frac{1-\zeta^2}{(1 - 2\zeta\cos s_0 + \zeta^2)(1 - 2\zeta\cos s_1 + \zeta^2)}, \tag{1.8}$$

und auf $\zeta = e^{is}$ gilt

$$\frac{df}{ds} = \frac{Q}{\pi}(\cos s_0 - \cos s_1)\frac{\sin s}{(\cos s - \cos s_0)(\cos s - \cos s_1)}. \tag{1.9}$$

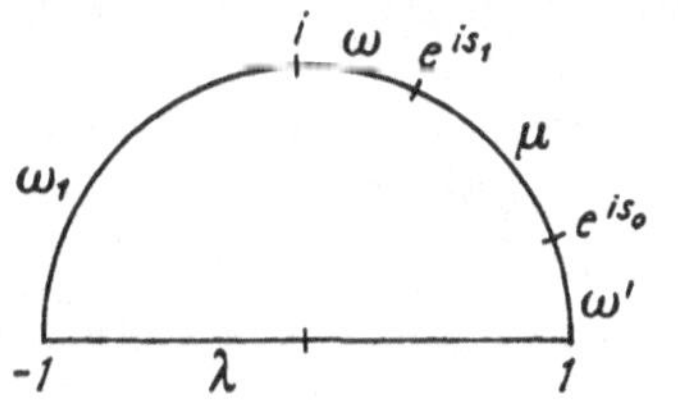

Abb. 9

Die komplexe Geschwindigkeit df/dz ist eine reguläre Funktion in R und wird durch die konforme Abbildung eine reguläre Funktion in der oberen Hälfte des Einheitskreises. Sei V die konstante Geschwindigkeit auf der freien Linie. Setzt man

$$\frac{df}{dz} = Ve^{-i\omega(\zeta)}, \qquad \omega(\zeta) = \vartheta + i\tau, \tag{1.10}$$

so wird $\tau = 0$ auf der reellen Achse, und $\omega(\zeta)$ kann durch Spiegelung an der reellen Achse zu einer regulären Funktion im ganzen Einheitskreis fortgesetzt werden. Für ein unendliches Totwasser ist V gleich der Geschwindigkeit U der Strömung im Unendlichen, während für ein endliches Totwasser V eine Unbekannte ist. Die Gleichungen (1.8) und (1.10) liefern den Zusammenhang zwischen der ζ- und z-Ebene:

$$z(\zeta) = \frac{1}{V}\int_i^\zeta e^{i\omega(\zeta)}\frac{df}{d\zeta}\,d\zeta. \tag{1.11}$$

Seien $l(s)$ $(\pi/2 < s < \pi)$ und $l_1(s)$ $(s_0 < s < s_1)$ die durch (1.11) bestimmten Abbildungen von $\zeta = e^{is}$ und einem Punkt des Bogens $\widehat{OP}$ bzw. der Wand mit der Bogenlänge $l(s)$ bzw. $l_1(s)$; $l(s)$ ist monoton wachsend, $l_1(s)$ ist monoton fallend, und es sei $0 < l < b$ (b Länge des Bogens $\widehat{OP}$), $-\infty < l_1 < \infty$ und $l_1(s_2) = 0$ für $\zeta = e^{is_2}$ $(s_0 < s_2 < s_1)$ mit $x(s^{is_2}) = 0$ in (1.11). Hindernis und Wand seien durch ihre Winkel $\psi[l]$ bzw. $\psi_1[l_1]$ im Punkt der Bogenlänge l bzw. l_1 mit der x-Achse gegeben. Da $\vartheta(e^{is})$ den Winkel der komplexen Geschwindigkeit im Punkt $z(e^{is})$ bedeutet, gilt

$$\vartheta(e^{is}) = \begin{cases} 0 & (0 < s < s_1), \\ \psi_1[l_1(s)] & (s_0 < s < s_1), \\ 0 & \left(s_1 < s < \dfrac{\pi}{2}\right), \\ \psi[l(s)] & \left(\dfrac{\pi}{2} < s < \pi\right), \end{cases} \tag{1.12}$$

und man erhält aus der Poissonschen Integralformel

$$\omega(\zeta) = \frac{1}{\pi} \int_0^\pi \vartheta(e^{is}) \frac{1 - \zeta^2}{1 - 2\zeta \cos s + \zeta^2} ds. \tag{1.13}$$

Für die Winkel $\psi[l]$, $\psi_1[l_1]$ gebe es eine Zahl α $(\pi/2 < \alpha < \pi)$, so daß

$$\begin{aligned} \alpha - \pi &\leqq \psi[l] \leqq \alpha, \\ \alpha - \pi &\leqq \psi_1[l_1] \leqq 0 \end{aligned} \tag{1.14}$$

gilt; ferner sei

$$|\psi[l'] - \psi[l]| < C\,|l' - l|^\nu \quad (0 < \nu < 1) \tag{1.15}$$

und

$$|\psi_1[l_1'] - \psi_1[l_1]| < C\,|\operatorname{arc}\tan e^{l_1'} - \operatorname{arc}\tan e^{l_1}|^{\nu_1} \quad (0 < \nu_1 < 1),$$

$$\lim_{l_1 \to \pm\infty} \psi_1[l_1] = 0.$$

Die Randwerte $\vartheta(e^{is})$ haben für $\psi[l(\pi/2)] \neq 0$ in $s = \pi/2$ einen Sprung. Setzt man

$$\beta = \frac{1}{\pi} \psi\left[l\left(\frac{\pi}{2}\right)\right] \quad \left(-\frac{1}{2} < \beta < 1\right), \tag{1.16}$$

so hat wegen

$$\arg \frac{e^{is} - i}{e^{is} + 1} = \begin{cases} -\dfrac{\pi}{2} & \left(0 \leqq s < \dfrac{\pi}{2}\right), \\ \dfrac{\pi}{2} & \left(\dfrac{\pi}{2} < s \leqq \pi\right) \end{cases}$$

die Funktion

$$\Omega(\zeta) = \omega(\zeta) - \frac{1}{i}\,\beta \ln \frac{\zeta - i}{\zeta + i}, \qquad \Omega = \Theta + iT \tag{1.17}$$

stetige Randwerte. Für ihren Imaginärteil T hat man

$$T(e^{is}) = \tau(e^{is}) - \beta \ln \left| \frac{\sin\left(\frac{s}{2} - \frac{\pi}{4}\right)}{\sin\left(\frac{s}{2} + \frac{\pi}{4}\right)} \right| \qquad \left(s \mp \frac{\pi}{2}\right). \tag{1.18}$$

Wegen (1.10) gilt

$$V = e^{-\tau(e^{is_0})}\, U, \tag{1.19}$$

so daß (1.11) mit $M = Q/(\pi U)$ in der Form

$$z = 2M(\cos s_0 - \cos s_1)\, e^{\tau(e^{is_0})} \int_i^\zeta e^{i\omega} \frac{1 - \zeta^2}{(1 - 2\zeta\cos s_0 + \zeta^2)(1 - 2\zeta\cos s_1 + \zeta^2)}\, d\zeta \tag{1.20}$$

geschrieben werden kann.

Als Ordinate des Endpunktes der freien Linie ergibt sich

$$y(1) = M(\cos s_0 - \cos s_1)\, e^{\tau(e^{is_0})} \int_{\pi/2}^{\pi} e^{-\tau} \sin\vartheta \frac{\sin s}{(\cos s_0 - \cos s)(\cos s_1 - \cos s)}\, ds$$

$$+ M(\cos s_0 - \cos s_1)\, e^{\tau(e^{is_0})} \int_{-1}^{1} \sin\vartheta \frac{1 - \xi^2}{(1 - 2\xi\cos s_0 + \xi^2)(1 - 2\xi\cos s_1 + \xi^2)}\, d\xi, \tag{1.21}$$

und die Asymptote der Wand flußabwärts liegt in der Höhe

$$H = y(1) + \pi M, \tag{1.22}$$

während die Asymptote flußaufwärts aus

$$H = B + \int_{-\infty}^{\infty} \sin \psi_1[l_1]\, dl_1 \tag{1.23}$$

berechnet wird.

Es können folgende Probleme betrachtet werden:

1. Unendliches Totwasserproblem (Helmholtz-Problem): Zu gegebenem Hindernis und gegebener Wand mit der Strombreite H ist eine Strömung mit unendlichem Totwassergebiet gesucht.

2. Endliches Totwasserproblem: Zu gegebenem Hindernis und gegebener Wand mit der Strombreite H ist eine Strömung mit endlichem Totwassergebiet gesucht.
3. Schlichtes Totwasserproblem: Zu gegebenem Hindernis und gegebener Wand mit der Strombreite H ist eine Strömung gesucht, die entweder eine Strömung mit endlichem oder mit unendlichem Totwassergebiet ist. Für den Fall einer Helmholtz-Strömung werde zusätzlich gefordert, daß die freie Linie in hinreichendem Abstand vom Hindernis oberhalb der reellen Achse liegt.

Die Funktion $\omega(\zeta)$ ist in $|\zeta| < 1$ regulär. Als Bild des Segments $-1 < \zeta < 1$ ist die freie Linie daher eine analytische Kurve. Da die Randwerte $\vartheta(e^{is})$ für eine Lösung bis auf $s = \pi/2$ stetig sind und wegen (1.12), (1.14) die Ungleichung $\pi - \alpha \leqq \vartheta(e^{is}) \leqq \alpha$ gilt, folgt aus dem Maximumprinzip $\pi - \alpha < \vartheta(\zeta) < \alpha$. Insbesondere kann sich also die freie Linie hinter dem Hindernis nicht schneiden.

2. Eigenschaften der Totwasserströmungen

2.1. *Vergleichssätze*

Die folgenden Sätze werden benötigt, um Eigenschaften der Totwasserströmungen zu erhalten. Sie ergeben sich durch Modifikation entsprechender Sätze von SERRIN [17] für Strömungen ohne Wand und folgen aus einem

Satz von Julia. $G(\zeta)$ sei regulär in $|\zeta| < 1$ mit $|G(\zeta)| < 1$. Wenn $G(1) = 1$ und $\lim G'(\zeta) = \alpha$ existiert, so ist α reell, positiv, und es gilt

$$\frac{|1 - G(\zeta)|^2}{1 - |G(\zeta)|^2} \leqq \alpha \frac{|1 - \zeta|^2}{1 - |\zeta|^2}.$$

Gleichheit tritt genau dann ein, wenn $G(\zeta)$ linear ist. Gilt außerdem $G(-1) = -1$ und existiert $\lim\limits_{\varphi \to -1} G'(\zeta) = \beta$, dann ist β reell, positiv und $\alpha\beta \geqq 1$. Gleichheit tritt genau dann ein, wenn

$$G(\zeta) = \frac{\zeta + a}{1 + a\zeta}$$

gilt mit einer reellen Zahl a, $|a| < 1$.

Im folgenden sei $f(z) = \varphi + i\psi$ das komplexe Potential einer stationären, wirbelfreien, ebenen Strömung einer idealen, inkompressiblen Flüssigkeit in einem einfach zusammenhängenden Gebiet R. Dabei sei R ein Streifen, der von zwei sich ins Unendliche erstreckenden Kurven begrenzt ist und durch $f(z)$

eineindeutig auf einen Parallelstreifen $0 < \psi < Q$ mit $f(-\infty) = -\infty$, $f(\infty) = \infty$ abgebildet wird. Q ist der Fluß der Strömung. Es ist $|f'(z_P)| = V(P, R)$ die Geschwindigkeit der Strömung. Für einen Randpunkt P von R bedeutet die Schreibweise $V(P, R)$, daß die Existenz der Ableitung vorausgesetzt wird. Ferner existiere $\lim\limits_{z\to\infty} f'(z) = f'(\infty)$.

Satz 2.1. Seien $f_i(z)$ die komplexen Potentiale zweier Strömungen in R_1, R_2 mit dem Fluß Q. Das Gebiet R_2 sei im Gebiet R_1 enthalten, die Stromlinien $\psi_1 = Q$ und $\psi_2 = Q$ seien dieselben. Wenn die Stromlinien $\psi_1 = 0$ und $\psi_2 = 0$ einen gemeinsamen Punkt besitzen, dann gilt

$$V(P, R_1) \geqq V(P, R_2). \tag{2.1}$$

Dabei gilt das Gleichheitszeichen genau dann, wenn die Strömungen identisch sind oder $V(P, R_1) = 0$ gilt.

Beweis. Die Funktionen $f_1(z)$, $f_2(z)$ seien durch $f_1(z_P) = f_2(z_P) = 0$ normiert. Wird der Streifen $\Delta : 0 < \psi < Q$ mittels $F = e^{\frac{\pi}{2Q}f}$ auf einen Quadranten und dieser auf die rechte Hälfte Γ des Einheitskreises der ζ-Ebene so abgebildet, daß für $\zeta(f)$ gilt: $\zeta(0) = 1$, $\zeta(\infty) = i$, $\zeta(-\infty) = -i$, so ist

$$\zeta(f) = \frac{F(i-1)+i+1}{F(i+1)+i-1}, \qquad F = e^{\frac{\pi}{2Q}f}$$

Bei der Abbildung $G(\zeta)$

$$\Gamma \xrightarrow{\zeta^{-1}} \Delta \xrightarrow{f_2^{-1}} R_2 \xrightarrow{f_1} \Delta \xrightarrow{\zeta} \Gamma$$

wird Γ in sich mit $G(1) = 1$ abgebildet, und die imaginäre Achse geht in sich über. Durch Spiegelung an der imaginären Achse kann die Abbildung zu einer Abbildung des ganzen Einheitskreises in sich fortgesetzt werden mit $G(-1) = -1$.

Aus

$$G'(\zeta) = \frac{\zeta'(f_1(z))\, f_1'(z)}{\zeta'(f_2(z))\, f_2'(z)} = \left[\frac{(i+1)\,F(f_2(z)) + i - 1}{(i-1)\,F(f_1(z)) + i + 1}\right]^2 \frac{F(f_1(z))}{F(f_2(z))} \frac{f_1'(z)}{f_2'(z)}$$

folgt wegen $\lim\limits_{z\to z_P} F(f_1(z)) = \lim\limits_{z\to z_P} F(f_2(z)) = 1$

$$\lim_{\zeta\to 1} G'(\zeta) = \lim_{z\to z_P} \frac{f_1'(z)}{f_2'(z)} = \frac{f_1'(z_P)}{f_2'(z_P)} = \alpha,$$

und α ist nach dem Satz von Julia reell und positiv:

$$\alpha = \frac{V(P, R_1)}{V(P, R_2)}.$$

Aus der Fortsetzung von $G(\zeta)$ durch Spiegelung folgt $\lim_{\zeta \to -1} G'(\zeta) = \alpha$, und aus $\alpha\beta \geqq 1$ folgt die Behauptung. Das Gleichheitszeichen tritt genau dann ein, wenn $G(\zeta) = (\zeta + a)/(a\zeta + 1)$ gilt. Wegen $G(i) = i$ folgt dann $G(\zeta) = \zeta$, und die Strömungsgebiete sind identisch.

Satz 2.2. Seien $f_1(z)$, $f_2(z)$ die komplexen Potentiale zweier Strömungen in R_1, R_2 mit dem Fluß Q_1 bzw. Q_2. Auf der Stromlinie $\psi_1 = Q_1$ gelte $\psi_2 \leqq Q_1$. Die Stromlinien $\psi_2 = 0$ und $\psi_1 = Q_1$ begrenzen ein einfach zusammenhängendes Gebiet R_3 im Innern beider Strömungen. Haben die Stromlinien $\psi_1 = 0$ und $\psi_2 = 0$ einen gemeinsamen Punkt P, so gilt

$$V(P, R_1) \geqq V(P, R_2). \tag{2.2}$$

Dabei gilt das Gleichheitszeichen genau dann, wenn die Strömungen identisch sind oder $V(P, R_1) = 0$ gilt. Die Ungleichung gilt auch, wenn sich die Stromlinien $\psi_2 = 0$ und $\psi_1 = Q_1$ schneiden.

Beweis. Sei $f_3(z)$ die konforme Abbildung des Gebietes R_3 auf den Streifen $\Delta : 0 < \psi < Q_1$ mit $f_3(-\infty) = -\infty$, $f_3(z_P) = 0$, $f_3(\infty) = \infty$ und $\zeta(f)$ die konforme Abbildung von Δ auf die rechte Hälfte Γ des Einheitskreises mit $\zeta(-\infty) = -i$, $\zeta(0) = 0$, $\zeta(\infty) = i$. Es ist

$$\zeta(f) = i\,\frac{e^{\frac{\pi}{2Q_1}f} - 1}{e^{\frac{\pi}{2Q_1}f} + 1}.$$

Durch die Abbildung $G(\zeta)$

$$\Gamma \xrightarrow{\zeta^{-1}} \Delta \xrightarrow{f_3^{-1}} R_3 \xrightarrow{f_2} \Delta \xrightarrow{\zeta} \Gamma$$

wird Γ in sich abgebildet mit $G(0) = 0$, und die imaginäre Achse geht in sich über. Durch Spiegelung an der imaginären Achse wird $G(\zeta)$ regulär für $|\zeta| < 1$. Nach dem Schwarzschen Lemma ist $|G'(0)| \leqq 1$, also ist

$$|G'(0)| = \left|\frac{f_2'(z_P)}{f_3'(z_P)}\right| = \frac{V(P, R_2)}{V(P, R_3)} \leqq 1.$$

Aus Satz 2.1 folgt aber $V(P, R_3) \leqq V(P, R_1)$. Das Gleichheitszeichen gilt genau dann, wenn $G(\zeta)$ eine Drehung des Einheitskreises ist. Wegen $G(i) = i$ ist dann $G(\zeta)$ die identische Abbildung, und die Gebiete R_1, R_2, R_3 stimmen überein.

Wenn sich $\psi_2 = 0$ und $\psi_1 = Q_1$ schneiden, sei R_3 das Gebiet, das von $\psi_1 = 0$ und $\psi_2 = Q_2$ begrenzt wird. In R_3 gibt es eine Strömung mit dem Fluß Q_2, und nach Satz 2.1 gilt $V(P, R_3) \geqq V(P, R_2)$. Nach Satz 2.2 folgt aber $V(P, R_1) \geqq V(P, R_3)$.

Satz 2.3. Seien $f_1(z)$, $f_2(z)$ die komplexen Potentiale zweier Strömungen in R_1, R_2 mit dem Fluß Q_1 bzw. Q_2, und sei $Q_2 \leqq Q_1$. Die Stromlinien $\psi_1 = 0$ und $\psi_2 = Q_2$ begrenzen ein einfach zusammenhängendes Gebiet R_3 im Inneren beider Strömungen. In einem gemeinsamen Punkt P der Stromlinien $\psi_1 = Q_1$ und $\psi_2 = Q_2$ gilt dann $V(P, R_2) \leqq V(P, R_1)$, und das Gleichheitszeichen gilt genau dann, wenn die Strömungen identisch sind oder $V(P, R_2) = 0$ gilt.

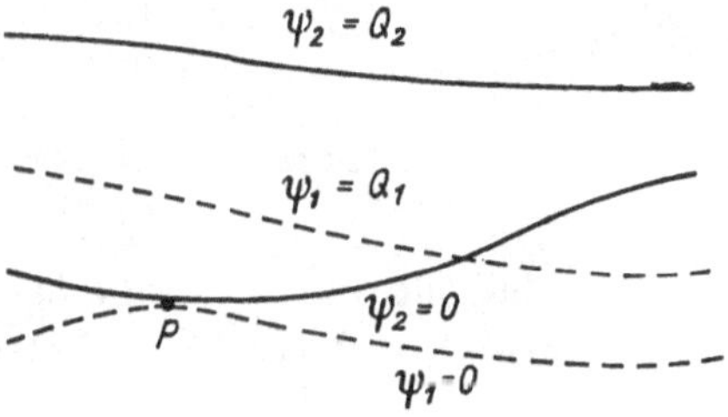

Abb. 10

Beweis. Die Funktionen $f_1^* = iQ_1 - f_1$, $f_2^* = iQ_2 - f_2$ erfüllen die Voraussetzungen von Satz 2.2, da auf $\psi_1^* = Q_1$ gilt: $\psi_2^* \leqq Q_2 \leqq Q_1$. Es folgt also $V^*(P, R_1) \geqq V^*(P, R_2)$, und es ist $|f_1^{*\prime}(z)| = |f_1'(z)|$, $|f_2^{*\prime}(z)| = |f_2'(z)|$.

Abb. 11

Satz 2.4. Seien $f_1(z)$, $f_2(z)$ die komplexen Potentiale zweier Strömungen in R_1, R_2 mit dem Fluß Q; die Stromlinien $\psi_1 = Q$, $\psi_2 = Q$ seien dieselben. Es existiere ein gemeinsamer Bogen $\widehat{MN}$ der Stromlinien $\psi_1 = 0$ und $\psi_2 = 0$, auf dem beide Strömungen von M nach N erfolgen; der Bogen $\widehat{MN}$, $\psi_2 = 0$ und $\psi_1 = 0$ begrenzen ein einfach zusammenhängendes Gebiet R_3. Dann folgt aus

$$\begin{aligned} V(M, R_2) &< V(N, R_2) \\ V(M, R_1) &< V(N, R_1). \end{aligned} \tag{2.4}$$

Die Funktionen $f_1(z)$, $f_2(z)$ seien durch $f_1(z_M) = f_2(z_M) = 0$ normiert.

Beweis. Sei $f_3(z)$ die konforme Abbildung von R_3 auf den Streifen $\Delta: 0 < \psi < Q$ mit $f_3(z_M) = 0$, $f_3(z_N) = f_2(z_N)$, $f_3(\infty) = \infty$.

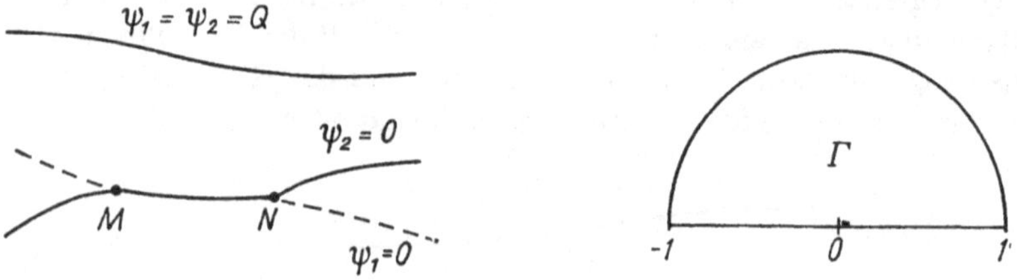

Abb. 12

a) $\zeta(f)$ sei die konforme Abbildung von Δ auf die obere Hälfte Γ des Einheitskreises mit $\zeta(0) = -1$, $\zeta(f_3(z_N)) = 0$, $\zeta(\infty) = 1$. Es ist

$$\zeta(f) = \frac{e^{\frac{\pi}{2Q}f(z)} - e^{\frac{\pi}{2Q}f_3(z_N)}}{e^{\frac{\pi}{2Q}f(z)} + e^{\frac{\pi}{2Q}f_3(z_N)} - 2}.$$

Durch die Abbildung $G(\zeta)$

$$\Gamma \xrightarrow{\zeta^{-1}} \Delta \xrightarrow{f_3^{-1}} R_3 \xrightarrow{f_2} \Delta \xrightarrow{\zeta} \Gamma$$

wird Γ in sich mit $G(0) = 0$, $G(1) = 1$ abgebildet. Da die reelle Achse in sich übergeführt wird, kann $G(\zeta)$ zu einer Abbildung des ganzen Einheitskreises in sich fortgesetzt werden. Nach dem Schwarzschen Lemma ist $|G'(0)| \leqq 1$, und es ist

$$|G'(0)| = \left|\frac{\zeta'(f_2(z_N))}{\zeta'(f_3(z_N))}\right| \left|\frac{f_2'(z_N)}{f_3'(z_N)}\right| = \frac{V(N, R_2)}{V(N, R_3)} \leqq 1.$$

b) Sei $\zeta(f)$ die konforme Abbildung des Streifens Δ auf die obere Hälfte Γ des Einheitskreises mit $\zeta(0) = 0$, $\zeta(-\infty) = -1$, $\zeta(f_1(z_N)) = 1$. Es ist

$$\zeta(f) = -\frac{w_N(w-1)}{2w - w_N - w_N w}, \qquad w = e^{\frac{\pi}{2Q}f(z)} \qquad w_N = e^{\frac{\pi}{2Q}f_1(z_N)}$$

Bei der konformen Abbildung $G(\zeta)$

$$\Gamma \xrightarrow{\zeta^{-1}} \Delta \xrightarrow{f_3^{-1}} R_3 \xrightarrow{f_1} \Delta \xrightarrow{\zeta} \Gamma$$

von Γ in sich ist $G(0) = Q$, $G(-1) = -1$, und $G(\zeta)$ kann durch Spiegelung fortgesetzt werden. Aus dem Schwarzschen Lemma folgt

$$|G'(0)| = \left|\frac{\zeta'(f_1(z_M'))}{\zeta'(f_3(z_M'))}\right| \left|\frac{f_1'(z_M)}{f_3'(z_M)}\right| = \frac{V(M, R_1)}{V(M, R_3)} \leqq 1.$$

c) Sei $\zeta(f)$ die konforme Abbildung von Δ auf die obere Hälfte Γ des Einheitskreises mit $\zeta(0) = -1$, $\zeta(f_2(z_N)) = 1$. Die Abbildung $G(\zeta)$

$$\Gamma \xrightarrow{\zeta^{-1}} \Delta \xrightarrow{f_3^{-1}} R_3 \xrightarrow{f_2} \Delta \xrightarrow{\zeta} \Gamma$$

erfüllt $G(1) = 1$, $G(-1) = -1$ und kann auf den ganzen Einheitskreis fortgesetzt werden. Es ist

$$\lim_{\zeta\to 1} G'(\zeta) = \frac{\zeta'(f_2(z_N))}{\zeta'(f_3(z_N))} \frac{f_2'(z_N)}{f_3'(z_N)} = \alpha,$$

$$\lim_{\zeta\to -1} G'(\zeta) = \frac{\zeta'(0)}{\zeta'(0)} \frac{f_2'(z_M)}{f_3'(z_M)} = \beta.$$

Nach dem Satz von Julia gilt $\alpha > 0$, $\beta > 0$ und

$$\alpha\beta = \frac{V(N, R_2)}{V(N, R_3)} \frac{V(M, R_2)}{V(M, R_3)} \geqq 1.$$

Zusammen mit a) folgt

$$\frac{V(N, R_2)}{V(N, R_3)} < 1 < \frac{V(N, R_3)}{V(N, R_2)} < \frac{V(M, R_2)}{V(M, R_3)}$$

und mit der Voraussetzung dann

$$V(M, R_3) \leqq \frac{V(M, R_2)}{V(N, R_2)} V(N, R_3) < V(N, R_3).$$

Analog dazu wird die Ungleichung

$$\frac{V(M, R_1)}{V(M, R_3)} < \frac{V(N, R_1)}{V(N, R_3)}$$

bewiesen, so daß die Behauptung aus

$$V(M, R_1) = \frac{V(M, R_1)}{V(M, R_3)} V(M, R_3) < \frac{V(N, R_1)}{V(N, R_3)} V(M, R_3) < V(N, R_1)$$

folgt.

2.2. *Folgerungen aus den Vergleichssätzen*

1. Für jede Strömung mit endlichem Totwasser gilt für die Geschwindigkeit V auf der freien Linie $V \leqq U$.

Beweis. Es sei $P \in \lambda$ ein Punkt mit minimaler Ordinate, falls λ auch unterhalb der reellen Achse verläuft; andernfalls $P = E$. Für die Stromfunktion

ψ_1 der Parallelströmung zwischen der Asymptote der Wand und der Parallelen durch P mit der Geschwindigkeit U gilt

$$\psi|_{\psi_1=Q_1} \leqq Q \leqq Q_1,$$

so daß nach Satz 2.2

$$U = V(P, R_1) \geqq V(P, R) = V$$

folgt.

2. Für jede Lösung des schlichten Totwasserproblems liegt die freie Linie oberhalb der reellen Achse.

Beweis. a) Sei für eine Strömung mit unendlichem Totwasser $P \in \lambda$ der Punkt mit minimaler Ordinate und ψ_1 die Stromfunktion der Parallelströmung zwischen der Asymptote der Wand und der Parallelen durch P mit der Geschwindigkeit U. Es gilt

$$\psi|_{\psi_1=Q_1} \leqq Q < Q_1,$$

und nach Satz 2.2 folgt

$$U = V(P, R_1) > V(P, R) = U$$

im Widerspruch zu $V(P, R_1) = V(P, R) = U$.

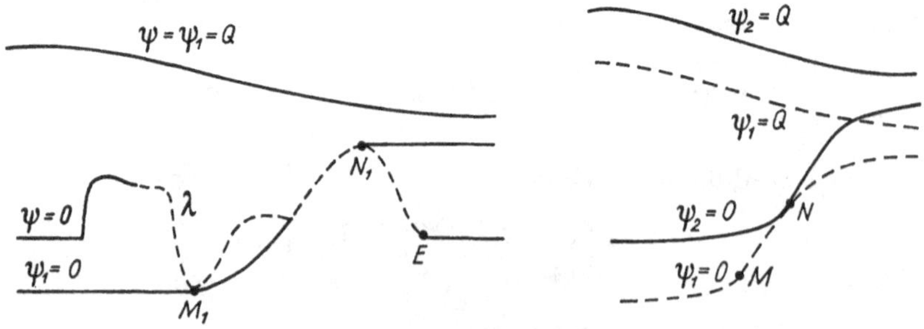

Abb. 13

b) Für eine Strömung mit endlichem Totwasser sei $M_1 \in \lambda$ der Punkt mit minimaler Ordinate und $N_1 \in \lambda$ der Punkt auf $\widehat{M_1E}$ mit maximaler Ordinate. Werden M_1 und N_1 mit dem Unendlichen durch Parallelen zur x-Achse und M_1 mit N_1 so verbunden, daß dieser Bogen das Kurvenstück von λ mit der Wendetangente enthält, die den größten Anstieg besitzt, so liegt die freie Linie bis N_1 oberhalb und ab N_1 unterhalb dieses Bogens. Zwischen der Wand und diesem Bogen existiert eine Strömung R_1 mit dem Fluß Q. Durch Verschieben des Strömungsgebietes R_1 (s. [17]) entsteht ein Strömungsgebiet R_2, und es kann erreicht werden, daß $\psi_1 = 0$ und $\psi_2 = 0$ einen gemeinsamen Punkt N besitzen.

Wegen

$$\psi_2|_{\psi_1=Q} \leqq Q$$

folgt nach Satz 2.2 und [17]

$$V(M, R_1) = V(N, R_2) < V(N, R_1)$$

und daraus nach Satz 2.4

$$V(M, R) < V(N, R)$$

im Widerspruch zu $V(M, R) = V(N, R) = V$.

3. Sei m die Ordinate des maximalen Punktes des Hindernisses. Falls für die Ordinate $y(x)$ der freien Linie einer Strömung mit unendlichem Totwasser $y(x_0) > m$ gilt, so ist $y(x)$ für $x > x_0$ monoton wachsend. Liegt die Asymptote der freien Linie oberhalb m, so bleibt λ stets unterhalb ihrer Asymptote.

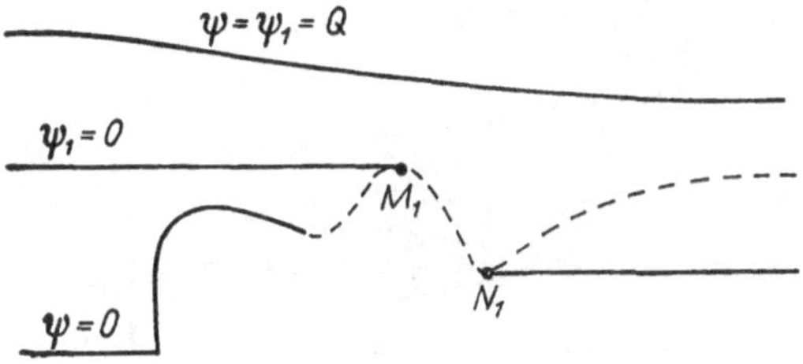

Abb. 14

Beweis. Andernfalls sei $M_1 \in \lambda$ der erste Punkt mit maximaler Ordinate $y(x) > m$ und $N_1 \in \lambda$ auf $\widehat{M_1\infty}$ mit minimaler Ordinate. M_1 und N_1 werden mit dem Unendlichen durch Parallelen zur x-Achse und M_1 mit N_1 so verbunden, daß die freie Linie bis M_1 unterhalb und ab M_1 oberhalb dieses Bogens liegt. Zwischen der Wand und diesem Bogen existiert eine Strömung R_1 mit dem Fluß Q. Durch Verschieben des Strömungsgebietes R_1 entsteht ein Strömungsgebiet R_2, und es kann erreicht werden, daß $\psi_1 = 0$ und $\psi_2 = 0$ einen gemeinsamen Punkt N besitzen. Nach Satz 2.2 gilt wegen $\psi_2|_{\psi_1=Q} \leqq Q$

$$V(N, R_2) = V(M, R_1) < V(N, R_1),$$

so daß nach Satz 2.4

$$V(M, R) = U < V(N, R) = U$$

im Widerspruch zu $V(M, R) = V(N, R) = U$ folgt.

4. In einer Strömung mit endlichem Totwasser liegt die freie Linie unterhalb der Parallelen zur x-Achse durch den Punkt M_1 des Hindernisses mit maximaler Ordinate.

Beweis. Sei $N_1 \in \lambda$ der Punkt mit minimaler Ordinate. Wird wie beim Beweis von Folgerung 3 des Strömungsgebiet R_1 konstruiert, erhält man zwei Punkte $M, N \in \lambda$ mit $V(M, R) < V(N, R)$ im Widerspruch zu

$$V(M, R) = V(N, R) = V$$

5. Für jede Strömung mit unendlichem Totwasser bleibt die freie Linie unterhalb der Asymptote der freien Linie der Strömung um ein geradliniges Hindernis der Länge b mit dem Anstieg α durch den Ablösungspunkt und geradliniger Wand. Es existiert ein Strömungsgebiet R_2, begrenzt von der reellen Achse, dem Hindernis, der Geraden, der Asymptote und der Wand, so daß für jeden Punkt P des Hindernisses gilt:

$$V(P, R) \geqq V(P, R_2)$$

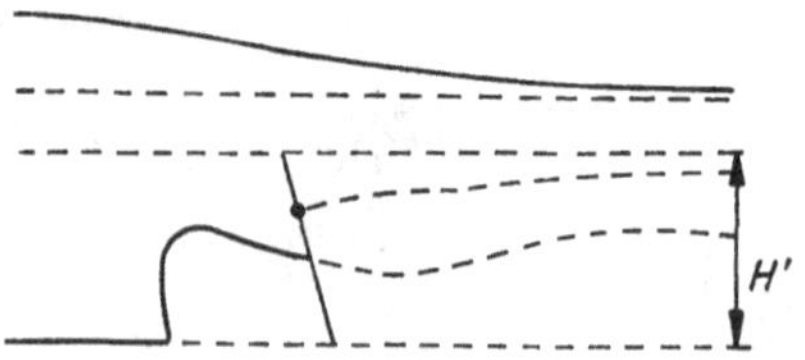

Abb. 15

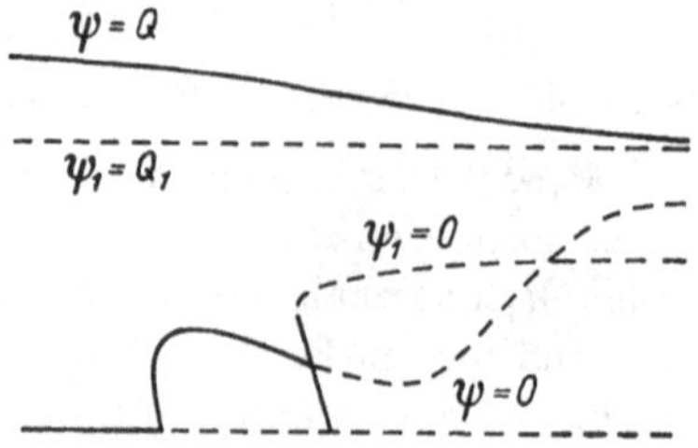

Abb. 16

Beweis. Es sei R_1 das Strömungsgebiet für die Strömung um das geradlinige Hindernis mit geradlinigem Kanal mit der Geschwindigkeit U im Unendlichen (s. [8]). Wenn $\psi[b] < \alpha$, liegt im Ablösungspunkt $\psi = 0$ unterhalb $\psi_1 = 0$. Würde im Unendlichen $\psi = 0$ oberhalb $\psi_1 = 0$ liegen, so könnte man das Strömungsgebiet R_1 in Richtung α nach unten so verschieben, daß $\psi = 0$ und $\psi_1 = 0$ einen gemeinsamen Punkt P besitzen. Wegen $Q \leqq Q_1$ würde dann

$U = V(P, R) < V(P, R_1) = U$ folgen im Widerspruch zu $V(P, R) = V(P, R_1) = U$. Die freie Linie bleibt also entweder unterhalb der maximalen Ordinate des Hindernisses oder nach Folgerung 3 unterhalb der freien Linie der Strömung um das geradlinige Hindernis. In dem Gebiet R_2 existiert eine Strömung mit dem Fluß Q, nach Satz 2.1 gilt $V(P, R) \geqq V(P, R_2)$.

6. Für jede Strömung mit endlichem Totwasser existiert ein Strömungsgebiet R_2, begrenzt von der Wand, der reellen Achse, dem Hindernis, einer Geraden mit dem Anstieg α durch den Ablösungspunkt und einer Parallelen zur x-Achse durch den Punkt des Hindernisses mit maximaler Ordinate, so daß

$$V(P, R) \geqq V(P, R_2)$$

in jedem Punkt des Hindernisses gilt:

Beweis. Nach Folgerung 4 liegt die freie Linie unterhalb der Parallelen zur x-Achse durch den Punkt des Hindernisses mit maximaler Ordinate. In R_2 existiert eine Strömung mit dem Fluß Q, und nach Satz 2.1 gilt

$$V(P, R) \geqq V(P, R_2).$$

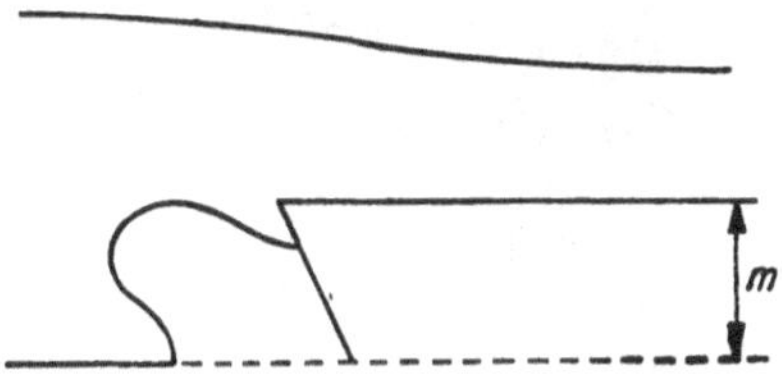

Abb. 17

7. Für jede Lösung des schlichten Totwasserproblems bzw. des Helmholtz-Problems existieren Strömungsgebiete R_3, R_4, so daß für jeden Punkt P der Wand gilt:

$$V(P, R_3) \leqq V(P, R) \leqq V(P, R_4).$$

Beweis. a) Sei R_3 im Fall einer Lösung des schlichten Totwasserproblems das Strömungsgebiet, das von der Wand und der reellen Achse, und im Fall des Helmholtz-Problems R_3 das Strömungsgebiet, das von der Wand und einer Parallelen zur x-Achse im Abstand $-H$ begrenzt wird. In R_3 existiert eine Strömung mit dem Fluß Q. Nach Satz 2.3 gilt in jedem Punkt der Wand

$$V(P, R_3) \leqq V(P, R).$$

b) Für eine Strömung mit endlichem Totwasser sei R_4 das Gebiet, das von der Wand, der reellen Achse, dem Hindernis, der Geraden mit dem Anstieg α und der Parallelen durch den maximalen Hindernispunkt begrenzt ist. Bei einer Strömung mit unendlichem Totwasser tritt anstelle dieser Parallelen

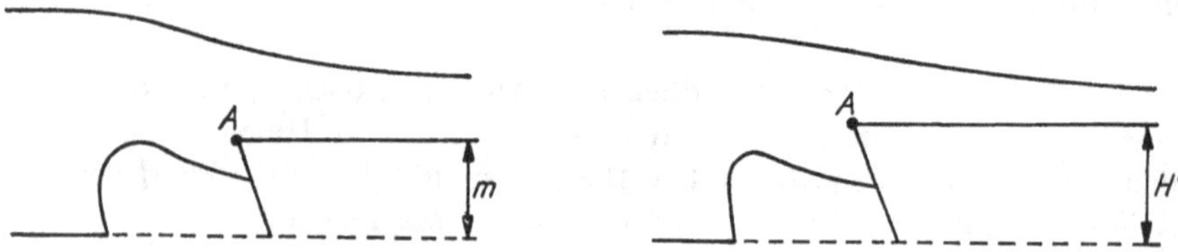

Abb. 18

die Asymptote der freien Linie des geradlinigen Hindernisses. Nach Satz 2.3 folgt $V(P, R) \leqq V(P, R_4)$.

2.3. Abschätzungen für die Parameter s_0, s_1, s_2

Definition. Eine Familie von Hindernissen und Wänden mit den Winkeln $\psi^{(k)}[l]$ $(0 \leqq l \leqq b)$, $\psi_1^{(k)}[l_1]$ $(-\infty < l_1 < \infty)$ heißt beschränkt, wenn

a) es eine Zahl α $(\pi/2 < \alpha < \pi)$ gibt, so daß

$$\alpha - \pi + \varepsilon\pi \leqq \psi^{(k)}[l] \leqq \alpha - \varepsilon\pi \qquad \left(0 < \varepsilon < \frac{1}{2}\right), \tag{2.5}$$

$$\alpha - \pi \leqq \psi_1^{(k)}[l_1] \leqq 0$$

gleichmäßig für alle k gilt,

b)
$$|\psi^{(k)}[l'] - \psi^{(k)}[l]| < C\,|l' - l|^{\nu},$$
$$|\psi_1^{(k)}[l_1'] - \psi_1^{(k)}[l_1]| < C\,|\operatorname{arc\,tan} e^{l'} - \operatorname{arc\,tan} e^{l}|^{\nu_1} \tag{2.6}$$

gleichmäßig für alle k gilt,

c) die Asymptoten der Wände nach unten durch H beschränkt $(H > b)$ sind.

Satz 2.5. Für eine beschränkte Familie von Hindernissen und Wänden existieren Zahlen $c_0 > 0$, $c_1 > 0$, $c_2 > 0$, $c_3 > 0$, so daß für jede Strömung mit Totwasser gilt:

$$\cos s_0 - \cos s_1 > c_0, \quad \cos s_1 > c_1,$$
$$\cos s_2 - \cos s_1 > c_2, \quad \cos s_0 - \cos s_2 > c_3. \tag{1.7}$$

Insbesondere bedeutet $\cos s_1 > c_1$, daß es einen Wert s_1^0 mit $s_1^0 < \pi/2$ gibt, so daß der Parameter s_1 für jede Lösung die Ungleichung $s_1 < s_1^0$ erfüllt.

Beweis. Die Ungleichungen folgen aus dem Lemma von Kapitel 4., Teil I.

a) Für die Punkte $F_1 = -h$, $F_2 = 0$, $F_3 = a_1$, $F_4 = \infty$ gilt

$$r = -(F_1, F_3, F_4, F_2) = \frac{a_1}{h},$$

und wegen der Abbildungsformel (1.5) folgt

$$r = \frac{\cos s_1(1 + \cos s_0)}{\cos s_0 - \cos s_1}.$$

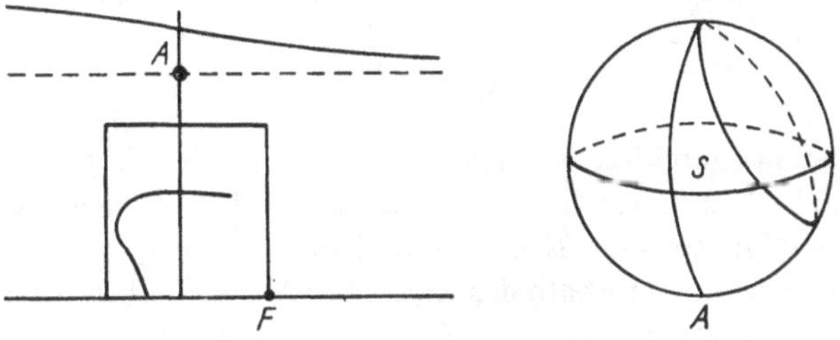

Abb. 19

Das Hindernis der Länge b kann in ein Quadrat der Seitenlänge b eingeschlossen werden. Wird das Strömungsgebiet stereographisch auf eine Kugel mit dem Durchmesser $\overline{AF} = \sqrt{H^2 + b^2}$ abgebildet, die die z-Ebene im Punkt A berührt, so liegt das Hindernis in einem Gebiet der Kugel unterhalb des Äquators und die Wand auf einer Seite des Nullmeridians. Der Abstand beider Gebiete wird durch die Länge S des zwischen den Kugelkreisen liegenden Äquatorstückes geliefert, und es ist $S > (H - b)/2$. Nach dem Lemma folgt daher mit $\sigma < \pi \times (H^2 + b^2)$

$$r = \frac{b}{h} > \eta\left[\left(i\,\frac{S^2}{\sigma}\right)\right] > \eta\left[i\,\frac{(H-b)^2}{4\pi(H^2+b^2)}\right] = k_0.$$

b) Setzt man $F_1 = -\infty$, $F_2 = -h$, $F_3 = 0$, $F_4 = a_1$, so wird $r = h/a_1$. Das Hindernis liegt in der z-Ebene zwischen den beiden Geraden mit dem Winkel α durch 0 und den Ablösungspunkt, sie haben den Abstand

$$e = \int_0^b \cos\left[\psi + \frac{\pi}{2} - \alpha\right] dl \geqq b \sin \varepsilon$$

für eine beschränkte Familie.

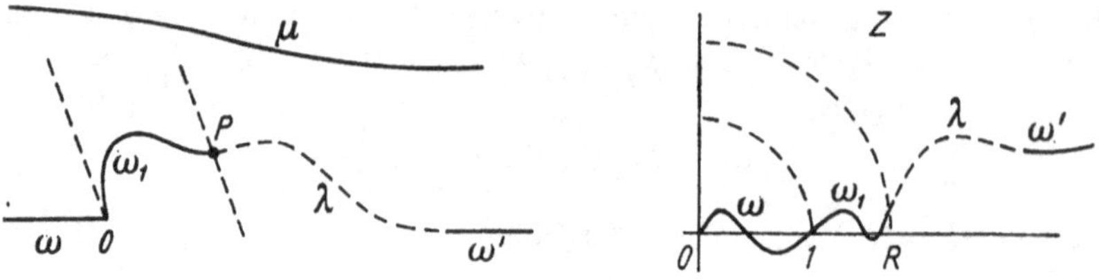

Abb. 20

Wird die z-Ebene durch $z_1 = z e^{-i(\alpha - \pi/2)}$ gedreht und mittels

$$Z = e^{\frac{\pi}{2B} z_1}$$

auf die Z-Ebene abgebildet, so liegt das Bild von ω in $|Z| \leqq 1$, während das Bild von λ und ω' in einem Gebiet mit $|Z| \geqq e^{\pi e/2B} = R$ liegt. Bei stereographischer Projektion auf eine Kugel vom Durchmesser 1, die die Z-Ebene in $Z = 0$ berührt, wird ω unterhalb des Äquators, λ und ω' oberhalb des Breitenkreises mit der stereographischen ζ-Koordinate $\zeta = R^2/(1 + R^2)$ abgebildet. Der Abstand dieser Gebiete ist

$$S \geqq \frac{R^2}{1 + R^2} - \frac{1}{2} > \frac{R - 1}{2R^2},$$

und wegen

$$R \leqq e^{\frac{\pi}{2B} b} \qquad R \geqq e^{\frac{\pi}{2B} b \sin \varepsilon}$$

folgt

$$r = \frac{h}{a_1} > \eta \left[i \, \frac{1}{4\pi} \, \frac{\left(e^{\frac{\pi}{2B} b \sin \varepsilon} - 1\right)^2}{e^{\frac{2\pi}{B} b}} \right] = k_1 > 0.$$

Daher ist

$$\frac{a_1}{a_1 + h} = \frac{\cos s_1 (1 + \cos s_0)}{\cos s_0 (1 + \cos s_1)} < \frac{1}{1 + k_1} < 1,$$

also

$$\frac{\cos s_1}{1 + \cos s_1} < \frac{1}{1 + k_1} \, \frac{\cos s_0}{1 + \cos s_0},$$

so daß

$$\cos s_0 - \cos s_1 > c_0$$

folgt. Aus

$$\frac{a_1}{h} = \frac{\cos s_1 (1 + \cos s_0)}{\cos s_0 - \cos s_1} > k_0$$

erhält man dann

$$k_0 < \frac{\cos s_1(1 + \cos s_0)}{\cos s_0 - \cos s_1} < \frac{2 \cos s_1}{c_0},$$

d. h.

$$\cos s_1 > \frac{1}{2} c_0 k_0 = c_1 > 0.$$

c) Für $F_1 = -\infty$, $F_2 = -h$, $F_3 = h \cos s_1(\cos s_0 - \cos s_2)/[\cos s_1(\cos s_1 - \cos s_0)]$, $F_4 = 0$ wird

$$r = \frac{F_3 + h}{-F_3} = \frac{\cos s_0(\cos s_2 - \cos s_1)}{\cos s_1(\cos s_0 - \cos s_2)}.$$

Der Bildpunkt von F_3 in der z-Ebene ist der bei $x = 0$ liegende Punkt der Wand.

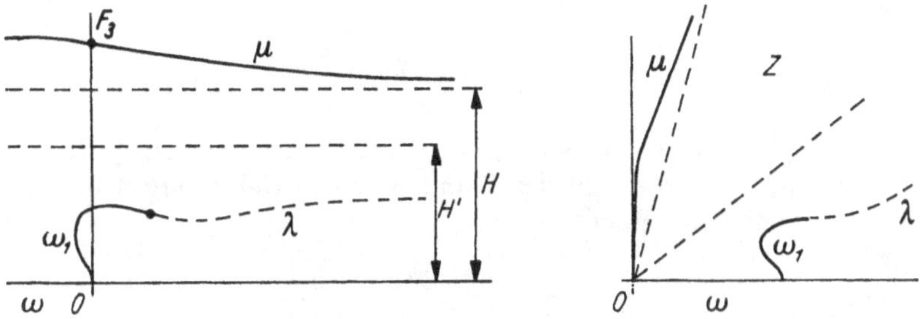

Abb. 21

Durch die Abbildung $Z = e^{\pi z/(2B)}$ wird die Wand auf ein Gebiet mit $\arg Z \geqq H\pi/(2B)$ und die Kurven ω, ω_1, λ auf ein Gebiet mit $-H\pi/(2B) \leqq \arg Z \leqq H'\pi/(2B)$ (H' ist die Ordinate der Asymptote der freien Linie der Strömung um das geradlinige Hindernis) abgebildet. Für das Bild von F_3 gilt $|Z_{F_3}| = 1$. Wird die Z-Ebene stereographisch auf eine Kugel mit dem Durchmesser 1 abgebildet, die die Z-Ebene in $Z = 0$ berührt, so gehört ω zu einem Gebiet unterhalb des Äquators, während das Bild von $\overline{F_3F_4}$ oberhalb des Äquators liegt. Der Abstand dieser Gebiete ist $S > (H - H')\pi/(4B)$, daher folgt nach dem Lemma

$$r = \frac{F_3 + h}{-F_3} > \eta\left[i\left(\frac{H - H'}{B}\right)^2 \frac{\pi}{4}\right] = k_2 > 0$$

und

$$\frac{-F_3}{h} = \frac{1}{1 + r} = \frac{\cos s_1}{\cos s_2} \frac{\cos s_0 - \cos s_2}{\cos s_0 - \cos s_1} < \frac{1}{1 + k_2} < 1.$$

Es ist also

$$\frac{\cos s_0 - \cos s_2}{\cos s_2} < \frac{1}{1 + k_0} \frac{\cos s_0 - \cos s_1}{\cos s_1},$$

und deshalb gibt es $c_2 > 0$ mit

$$\cos s_2 - \cos s_1 > c_2 > 0.$$

d) Mit $F_1 = -h$, $F_2 = h \cos s_1(\cos s_0 - \cos s_2)/[\cos s_2(\cos s_1 - \cos s_0)]$, $F_3 = 0$, $F_4 = \infty$ wird

$$r = \frac{\cos s_1(\cos s_0 - \cos s_2)}{\cos s_0(\cos s_2 - \cos s_1)}.$$

Hier ist F_2 der Punkt, der dem bei $x = 0$ liegenden Punkt der Wand in der z-Ebene entspricht. Für die x-Koordinate x_P des Ablösungspunktes gilt $x_P \geqq b \cos \alpha$. Durch die Abbildung

$$Z = e^{\frac{\pi}{2B}(z - b \cos \alpha)}$$

liegen daher die Bilder von ω_1, λ, ω' in einem Gebiet $-H\pi/(2B) \leqq \arg Z \leqq H'\pi/(2B)$, $|Z| \geqq 1$, das Bild der Wand in einem Gebiet $\arg Z \geqq H\pi/(2B)$. Für den Bildpunkt von F_2 gilt

$$R = |Z_{F_2}| = e^{-\frac{\pi b \cos \alpha}{2B}} \geqq 1.$$

Der Abstand S dieser Gebiete ist ein Kreisbogen des Breitenkreises in der Höhe $Z = R^2/(1 + R^2)$ zum Winkel $\pi(H - H')/(2B)$, so daß

$$r > \eta \left[i \left(\frac{H - H'}{B} \right)^2 \frac{R^2 \pi}{1 + R^2} \right] = k_3 > 0$$

folgt. Mit c) gilt also

$$k_3 < \frac{\cos s_1}{\cos s_0} \frac{\cos s_0 - \cos s_2}{\cos s_2 - \cos s_1} < \frac{1}{c_0} (\cos s_0 - \cos s_2)$$

und damit

$$\cos s_0 - \cos s_2 > c_0 k_3 = c_3.$$

2.4. *Eigenschaften der Funktionen $l(s)$, $l_1(s)$*

Die hier zu beweisenden Abschätzungen für die Funktionen $l(s)$, $l_1(s)$ folgen aus Randeigenschaften der Ableitung der Abbildungsfunktion bei konformer Abbildung. Sie ergeben sich aus dem

Satz von Warschawski. Sei $\zeta = \zeta(u)$ die konforme Abbildung eines Gebietes G mit dem Durchmesser D auf den Einheitskreis. Der Rand von G sei eine rektifizierbare Kurve und bestehe aus einer endlichen Anzahl glatter Bögen, deren Tangentenwinkel einer Hölder-Bedingung bezüglich der Bogenlänge genüge. Seien Λ bzw. λ obere Schranken für die Hölder-Konstanten bzw. Hölder-Exponenten und $\Gamma > 0$ eine untere Schranke für das Verhältnis des Abstandes ϱ zweier Punkte des Randes von G zur Länge σ des kürzesten Bogens. Der Rand von G besitze Ecken in den Punkten u_ν $(1 \leqq \nu \leqq n)$ mit den Innenwinkeln $\gamma_\nu \pi$ $(0 < \gamma_\nu < 2)$, $\gamma = \min \gamma_\nu$, $d > \min\limits_{\nu \neq \mu} |u_\nu - u_\mu|$. Sei $u_0 \in G$ mit $\zeta(u_0) = \zeta_0$ und $r > 0$ der Abstand von u_0 zum Rand von G. Dann existiert $\zeta'(u)$ für $u \neq u_\nu$, und es gibt nur von Λ, λ, Γ, n, γ, d, r, D abhängige Zahlen $A > 0$, $B > 0$, so daß für $u \neq u_\nu$ gilt

$$A\, |u - u_1|^{\frac{1}{\gamma_1}} \cdots |u - u_n|^{\frac{1}{\gamma_n}} \leqq |\zeta(u) - \zeta(u_\nu)| \leqq B\, |u - u_1|^{\frac{1}{\gamma_1}} \cdots |u - u_n|^{\frac{1}{\gamma_n}},$$

$$A\, |u - u_1|^{\frac{1}{\gamma_1} - 1} \cdots |u - u_n|^{\frac{1}{\gamma_n} - 1} \leqq |\zeta'(u)| \leqq B\, |u - u_1|^{\frac{1}{\gamma_1} - 1} \cdots |u - u_n|^{\frac{1}{\gamma_n} - 1}$$

Satz 2.6. Sei $f_1(z)$ eine konforme Abbildung des Strömungsgebietes R auf einen Streifen $\Delta: 0 < \operatorname{Im} f_1(z) < Q$ mit $f_1(0) = 0, f_1(\infty) = \infty, f_1(-\infty) = -\infty$, $f(z)$ eine konforme Abbildung von R auf den Streifen $0 < \operatorname{Im} f(z) < Q$ mit $f(\infty) = \infty$, $f(z_0) = w_0$ für die inneren Punkte $z_0 \in R$, $w_0 \in \Delta$. Dann gilt

$$f_1(z) = \frac{Q}{\pi} \ln \frac{F(z) - F(-\infty)}{F(o) - F(-\infty)} \quad \text{mit} \quad F(z) = e^{\frac{\pi}{Q} f(z)} \tag{2.8}$$

Beweis. Da die Abbildungen $F_1(z) = e^{\pi f_1(z)/Q}$ und $F(z)$ das Gebiet R auf die obere Halbebene abbilden und den unendlich fernen Punkt festlassen, gilt $F_1 = aF + b$ mit $F_1(o) = 1 = aF(o) + b$, $F_1(-\infty) = 0 = aF(-\infty) + b$, also

$$F_1(z) = \frac{F(z) - F(-\infty)}{F(o) - F(-\infty)}.$$

Folgerung 1. Wird die obere F-Halbebene konform auf den Einheitskreis der ζ-Ebene abgebildet, so daß $F(-\infty)$, $F(o)$, $F(\infty)$ in die Punkte -1, $-i$, 1 übergehen, so gilt

$$f_1'(z) = \frac{Q}{\pi} \frac{2}{(1 + \zeta)(1 - \zeta)} \frac{d\zeta}{dz}. \tag{2.9}$$

Beweis. Die Abbildung

$$\frac{F(-\infty) - F}{F(-\infty) - F(o)} = \frac{-1 - \zeta}{-1 + i} : \frac{1 - \zeta}{1 + i}$$

bzw.

$$\int_{l}^{l'} V(P, R_2)\, dl \geqq \frac{Q}{\pi} A\Gamma\varepsilon \left[\left(L(b) - L\right)^{\frac{1}{\varepsilon}} - \left(L(b) - L'\right)^{\frac{1}{\varepsilon}}\right]$$

$$\geqq \frac{Q}{\sqrt{2}\pi} A\Gamma\varepsilon (L' - L)^{\frac{1}{\varepsilon}},$$

so daß sich daraus und aus (2.12), (2.13) und (2.7) die Behauptung ergibt.

Satz 2.8. Für eine beschränkte Familie von Hindernissen und Wänden genügen die Funktionen $l_1(s)$ einer Bedingung

$$\left|\operatorname{arc\,tan} e^{\frac{\pi}{2B} l_1(s')} - \operatorname{arc\,tan} e^{\frac{\pi}{2B} l_1(s)}\right| < C\, |\cos s' - \cos s|^{\varrho_2} \quad (0 < \varrho_2 < 1), \tag{2.14}$$

wobei die Zahlen ϱ_2 und C unabhängig von k sind.

Beweis. Nach Folgerung 7 in 2.2 gilt für die Geschwindigkeiten auf der Wand bezüglich der Strömungsgebiete R, R_3, R_4

$$V(P, R_4) \geqq V(P, R) \geqq V(P, R_3). \tag{2.15}$$

Für $s_0 < s' < s < s_1$ gilt $l_1(s') = l_1' > l_1(s) = l_1$ und

$$\int_{l_1}^{l_1'} V(P, R)\, dl_1 = \int_{s}^{s'} \left|\frac{df}{dz}\right| dl_1 = -\int_{s}^{s'} \left|\frac{df}{ds}\right| ds$$

$$= \frac{Q}{\pi} (\cos s_0 - \cos s_1) \int_{s}^{s'} \frac{\sin s}{(\cos s_0 - \cos s)(\cos s - \cos s_1)}\, ds$$

$$= \frac{Q}{\pi} \ln \frac{\cos s_0 - \cos s}{\cos s_0 - \cos s'} \, \frac{\cos s' - \cos s_1}{\cos s - \cos s_1}. \tag{2.16}$$

Wird das Strömungsgebiet R_3 einerseits auf den Einheitskreis der ζ-Ebene, andererseits durch $Z = e^{\pi z/(2B)}$, $u = 1/(Z + 1)$ auf die u-Ebene abgebildet, so erhält man die Abbildung $\zeta = \zeta(u)$ eines Winkelgebietes der u-Ebene mit den Winkeln $\pi/2$ bei $u = 1$ und $\varepsilon_1\pi$, $\varepsilon_1 = H/(2B)$ bei $u = 0$ auf den Einheitskreis der ζ-Ebene. Der Punkt $z_1 = iy_1$ der Wand erfüllt die Bedingung $|u_1| = |u_1 - 1|$. Für die Bogenlänge L_1 der Bildkurve der Wand in der u-Ebene

Satz von Warschawski. Sei $\zeta = \zeta(u)$ die konforme Abbildung eines Gebietes G mit dem Durchmesser D auf den Einheitskreis. Der Rand von G sei eine rektifizierbare Kurve und bestehe aus einer endlichen Anzahl glatter Bögen, deren Tangentenwinkel einer Hölder-Bedingung bezüglich der Bogenlänge genüge. Seien Λ bzw. λ obere Schranken für die Hölder-Konstanten bzw. Hölder-Exponenten und $\Gamma > 0$ eine untere Schranke für das Verhältnis des Abstandes ϱ zweier Punkte des Randes von G zur Länge σ des kürzesten Bogens. Der Rand von G besitze Ecken in den Punkten u_ν $(1 \leqq \nu \leqq n)$ mit den Innenwinkeln $\gamma_\nu \pi$ $(0 < \gamma_\nu < 2)$, $\gamma = \min \gamma_\nu$, $d > \min\limits_{\nu \neq \mu} |u_\nu - u_\mu|$. Sei $u_0 \in G$ mit $\zeta(u_0) = \zeta_0$ und $r > 0$ der Abstand von u_0 zum Rand von G. Dann existiert $\zeta'(u)$ für $u \neq u_\nu$, und es gibt nur von Λ, λ, Γ, n, γ, d, r, D abhängige Zahlen $A > 0$, $B > 0$, so daß für $u \neq u_\nu$ gilt

$$A\,|u - u_1|^{\frac{1}{\gamma_1}} \cdots |u - u_n|^{\frac{1}{\gamma_n}} \leqq |\zeta(u) - \zeta(u_\nu)| \leqq B\,|u - u_1|^{\frac{1}{\gamma_1}} \cdots |u - u_n|^{\frac{1}{\gamma_n}},$$

$$A\,|u - u_1|^{\frac{1}{\gamma_1}-1} \cdots |u - u_n|^{\frac{1}{\gamma_n}-1} \leqq |\zeta'(u)| \leqq B\,|u - u_1|^{\frac{1}{\gamma_1}-1} \cdots |u - u_n|^{\frac{1}{\gamma_n}-1}$$

Satz 2.6. Sei $f_1(z)$ eine konforme Abbildung des Strömungsgebietes R auf einen Streifen $\Delta: 0 < \operatorname{Im} f_1(z) < Q$ mit $f_1(0) = 0, f_1(\infty) = \infty, f_1(-\infty) = -\infty$, $f(z)$ eine konforme Abbildung von R auf den Streifen $0 < \operatorname{Im} f(z) < Q$ mit $f(\infty) = \infty$, $f(z_0) = w_0$ für die inneren Punkte $z_0 \in R$, $w_0 \in \Delta$. Dann gilt

$$f_1(z) = \frac{Q}{\pi} \ln \frac{F(z) - F(-\infty)}{F(o) - F(-\infty)} \quad \text{mit} \quad F(z) = e^{\frac{\pi}{Q} f(z)} \tag{2.8}$$

Beweis. Da die Abbildungen $F_1(z) = e^{\pi f_1(z)/Q}$ und $F(z)$ das Gebiet R auf die obere Halbebene abbilden und den unendlich fernen Punkt festlassen, gilt $F_1 = aF + b$ mit $F_1(o) = 1 = aF(o) + b$, $F_1(-\infty) = 0 = aF(-\infty) + b$, also

$$F_1(z) = \frac{F(z) - F(-\infty)}{F(o) - F(-\infty)}.$$

Folgerung 1. Wird die obere F-Halbebene konform auf den Einheitskreis der ζ-Ebene abgebildet, so daß $F(-\infty)$, $F(o)$, $F(\infty)$ in die Punkte -1, $-i$, 1 übergehen, so gilt

$$f_1'(z) = \frac{Q}{\pi} \frac{2}{(1 + \zeta)(1 - \zeta)} \frac{d\zeta}{dz}. \tag{2.9}$$

Beweis. Die Abbildung

$$\frac{F(-\infty) - F}{F(-\infty) - F(o)} = \frac{-1 - \zeta}{-1 + i} : \frac{1 - \zeta}{1 + i}$$

hat die verlangten Eigenschaften. Daher wird

$$f_1(z) = \frac{Q}{\pi} \ln \frac{1+\zeta}{1-\zeta} \frac{1+i}{1+i},$$

woraus die Behauptung folgt.

Folgerung 2. Ist $z_1 = iy_1$ Randpunkt des Strömungsgebietes R und wird die obere F-Halbebene konform auf den Einheitskreis der ζ-Ebene abgebildet, so daß $F(-\infty)$, $F(z_1)$, $F(\infty)$ in die Punkte -1, i, 1 übergehen, so gilt

$$f_1'(z) = \frac{Q}{\pi} \frac{2}{(1+\zeta)(1-\zeta)} \frac{d\zeta}{dz}. \tag{2.10}$$

Beweis. Die Abbildung

$$\frac{F(-\infty) - F}{F(-\infty) - F(z_1)} = \frac{-1-\zeta}{-1-i} \frac{1-\zeta}{1-i}$$

hat die verlangten Eigenschaften. Für den Bildpunkt ζ_0 von $F(o)$ gilt dabei

$$\frac{F(-\infty) - F(o)}{F(-\infty) - F(z_1)} = \frac{-1-\zeta_0}{-1-i} \frac{1-\zeta_0}{1-i},$$

so daß

$$\frac{F - F(-\infty)}{F(0) - F(-\infty)} = \frac{-1-\zeta}{1-\zeta} \frac{1-\zeta_0}{-1-\zeta_0}$$

folgt, und mit (2.8) erhält man die Behauptung.

Satz 2.7. Für eine beschränkte Familie von Hindernissen und Wänden genügen die Funktionen $l(s)$ einer Hölder-Bedingung

$$|l(s) - l(s')| < C|\cos s - \cos s'|^{\varrho_1}, \quad \varrho_1 = \min\left(\frac{1}{2}, \varepsilon\right), \tag{2.11}$$

wobei C unabhängig von k ist.

Beweis. Nach Folgerung 5, 6 in 2.2 gilt für die Geschwindigkeiten auf dem Hindernis bezüglich der Strömungsgebiete R, R_2 $V(P, R) \geqq V(P, R_2)$, so daß wegen (1.9) für $l' > l$

$$\int_l^{l'} V(P, R_2)\, dl \leqq \int_l^{l'} V(P, R)\, dl = \int_l^{l'} \left|\frac{df}{dz}\right| dl = \int_s^{s'} \left|\frac{df}{ds}\right| ds$$

$$= \frac{Q}{\pi} \int_s^{s'} (\cos s_0 - \cos s_1) \frac{\sin s}{(\cos s_0 - \cos s)(\cos s_1 - \cos s)} ds$$

$$\leqq \frac{Q}{\pi} \frac{\cos s_0 - \cos s_1}{\cos s_0 \cos s_1} (\cos s - \cos s') \tag{2.12}$$

folgt. Wird das Strömungsgebiet R_2 der z-Ebene gemäß Satz 2.6 auf den Einheitskreis der ζ-Ebene, andererseits durch die Abbildungen $Z = e^{\pi z/(2B)}$, $u = 1/(Z+1)$ auf die u-Ebene abgebildet, so erhält man die Abbildung $\zeta = \zeta(u)$ eines Gebietes der u-Ebene, das durch R_2 bestimmt wird, mit den Winkeln $\pi/2$ bei $u = 1/2$, $\geqq \varepsilon\pi$ bei u_P (Bild des Ablösungspunktes), $\pi/2$ bei $u = 1$, $\pi H'/(2B)$ bei $u = 0$ auf den Einheitskreis der ζ-Ebene. Das Hindernis in der z-Ebene wird dabei in einen Kurvenbogen abgebildet, der $u = 1/2$ mit u_P verbindet. Die Bogenlänge $L(l)$ dieser Kurve mit der Gesamtlänge $L(b)$ ergibt sich aus

$$\frac{dL}{dl} = \frac{k e^{kx(l)}}{|1 + e^{kz(l)}|^2},$$

so daß für $b \geqq l' > l \geqq 0$

$$L' - L = \int_l^{l'} \frac{k e^{kx}}{|1 + e^{kz(l)}|^2}\, dl \geqq \frac{1}{3} \int_l^{l'} \frac{k e^{kx}}{1 + e^{2kx}}\, dl = \frac{2}{3}\, \frac{k}{\cos hkb}\, (l' - l) \quad (2.13)$$

wegen $|x(l)| \leqq b$ folgt. Nach der Folgerung 1 zu Satz 2.6 hat man für $b \geqq l' > l \geqq 0$

$$\int_l^{l'} V(P, R_2)\, dl = \frac{Q}{\pi} \int_l^{l'} \left| \frac{2}{(1+\zeta)(1-\zeta)}\, \frac{d\zeta}{dz} \right| dl$$

$$= \frac{Q}{\pi} \int_L^{L'} \left| \frac{2}{(1+\zeta)(1-\zeta)}\, \frac{d\zeta}{du} \right| dL$$

$$\leqq \frac{Q}{\pi}\, \frac{1}{\sqrt{2}} \int_L^{L'} \left| \frac{d\zeta}{du} \right| dL,$$

da dem Hindernis ein Teil des Bogens $\widehat{-i, 1}$ des Einheitskreises der ζ-Ebene entspricht, also $|\zeta - 1| < \sqrt{2}$, $|\zeta + 1| < 2$ gilt. Für $|u - 1/2| \leqq |u_P - 1/2|/2$ hat man nach dem Satz von Warschawski $|\zeta'(u)| \geqq A\, |u - 1/2|$, und für $|u - u_P| \leqq |u_P - 1/2|/2$ gilt $|\zeta'(u)| \geqq A\, |u - u_P|^{1/\varepsilon(-1)}$ in den Punkten des Hindernisses in der u-Ebene, woraus mit $\varrho \geqq \sigma\Gamma\, |\zeta'(u)| \geqq A\Gamma L$ bzw. $|\zeta'(u)| \geqq A\Gamma\big(L(b) - L\big)^{1/\varepsilon(-1)}$ in den jeweiligen Umgebungen folgt. Man hat also

$$\int_l^{l'} V(P, R_2)\, dl \geqq \frac{Q}{2\sqrt{2}\pi}\, A\Gamma (L' - L)^2$$

bzw.

$$\int_{l}^{l'} V(P, R_2)\, dl \geqq \frac{Q}{\pi} A\Gamma\varepsilon \left[\left(L(b) - L\right)^{\frac{1}{\varepsilon}} - \left(L(b) - L'\right)^{\frac{1}{\varepsilon}}\right]$$

$$\geqq \frac{Q}{\sqrt{2}\pi} A\Gamma\varepsilon(L' - L)^{\frac{1}{\varepsilon}},$$

so daß sich daraus und aus (2.12), (2.13) und (2.7) die Behauptung ergibt.

Satz 2.8. Für eine beschränkte Familie von Hindernissen und Wänden genügen die Funktionen $l_1(s)$ einer Bedingung

$$\left|\text{arc tan } e^{\frac{\pi}{2B} l_1(s')} - \text{arc tan } e^{\frac{\pi}{2B} l_1(s)}\right| < C\, |\cos s' - \cos s|^{\varrho_2} \quad (0 < \varrho_2 < 1), \tag{2.14}$$

wobei die Zahlen ϱ_2 und C unabhängig von k sind.

Beweis. Nach Folgerung 7 in 2.2 gilt für die Geschwindigkeiten auf der Wand bezüglich der Strömungsgebiete R, R_3, R_4

$$V(P, R_4) \geqq V(P, R) \geqq V(P, R_3). \tag{2.15}$$

Für $s_0 < s' < s < s_1$ gilt $l_1(s') = l_1' > l_1(s) = l_1$ und

$$\int_{l_1}^{l_1'} V(P, R)\, dl_1 = \int_{s}^{s'} \left|\frac{df}{dz}\right| dl_1 = -\int_{s}^{s'} \left|\frac{df}{ds}\right| ds$$

$$= \frac{Q}{\pi} (\cos s_0 - \cos s_1) \int_{s}^{s'} \frac{\sin s}{(\cos s_0 - \cos s)(\cos s - \cos s_1)} ds$$

$$= \frac{Q}{\pi} \ln \frac{\cos s_0 - \cos s}{\cos s_0 - \cos s'} \frac{\cos s' - \cos s_1}{\cos s - \cos s_1}. \tag{2.16}$$

Wird das Strömungsgebiet R_3 einerseits auf den Einheitskreis der ζ-Ebene, andererseits durch $Z = e^{\pi z/(2B)}$, $u = 1/(Z + 1)$ auf die u-Ebene abgebildet, so erhält man die Abbildung $\zeta = \zeta(u)$ eines Winkelgebietes der u-Ebene mit den Winkeln $\pi/2$ bei $u = 1$ und $\varepsilon_1\pi$, $\varepsilon_1 = H/(2B)$ bei $u = 0$ auf den Einheitskreis der ζ-Ebene. Der Punkt $z_1 = iy_1$ der Wand erfüllt die Bedingung $|u_1| = |u_1 - 1|$. Für die Bogenlänge L_1 der Bildkurve der Wand in der u-Ebene gilt wegen

$$\frac{dL_1}{dl_1} = \frac{k e^{kx(l_1)}}{|1 + e^{kz(l_1)}|^2} \quad \left(k = \frac{\pi}{2B}\right) \quad \text{und} \quad |x(l_1)| < l_1$$

$$L_1' - L_1 = \int_{l_1}^{l_1'} \frac{k e^{l_1 x}}{|1 + e^{kz}|^2} \, dl_1 \geqq \frac{1}{3} \int_{l_1}^{l_1'} \frac{k e^{kx}}{1 + e^{2kx}} \, dl_1 \geqq \frac{1}{3} \int_{l_1}^{l_1'} \frac{k e^{kl_1}}{1 + e^{2kl_1}} \, dl_1, \quad (2.17)$$

$$L_1' - L_1 \geqq \frac{1}{3} \left(\operatorname{arc\,tan} e^{\frac{\pi}{2B} l_1'} - \operatorname{arc\,tan} e^{\frac{\pi}{2B} l_1}\right) \quad (-\infty < l_1 < l_1' < \infty).$$

Es ist $L_1(-\infty) \leqq L_1 \leqq L_1(\infty)$ mit

$$L_1(\infty) = \int_0^\infty \frac{k e^{kx}}{|1 + e^{kz}|^2} \, dl_1, \quad -L_1(-\infty) = \int_{-\infty}^0 \frac{k e^{kx}}{|1 + e^{kz}|^2} \, dl_1.$$

Da auf der Wand $0 < ky < \pi/2$, $\psi_1[l_1] \geqq \pi - \alpha$ $(\pi/2 < \alpha < \pi)$ gilt, ist

$$|1 + e^{kz}|^2 = 1 + 2e^{kx} \cos ky + e^{2kx} \geqq 1 + e^{2kx},$$

$$x(l_1) = \int_0^{l_1} \cos \psi_1(l_1) \, dl_1 \geqq \cos(\pi - \alpha) \, l_1 = c l_1 \quad (c = \cos \alpha > 0),$$

so daß

$$L_1(\infty) \leqq \int_0^\infty \frac{k e^{kx}}{1 + e^{2kx}} \, dl_1 \leqq \int_0^\infty \frac{k e^{ckl_1}}{1 + e^{2ckl_1}} \, dl_1 = \frac{\pi}{4c} \quad (2.18)$$

und

$$-L_1(-\infty) \leqq \frac{\pi}{4c}$$

folgt.

Nach der Folgerung 2 zu Satz 2.6 hat man

$$\int_{l_1}^{l_1'} V(P, R_3) \, dl_1 = \frac{Q}{\pi} \int_{L_1}^{L_1'} \left| \frac{2}{(1 + \zeta)(1 - \zeta)} \right| |\zeta'(u)| \, dL_1.$$

Der Wand entspricht in der ζ-Ebene die untere Hälfte des Einheitskreises, und es ist $\zeta(u_1) = -i$. Liegt u auf der Wand mit $|u| \leqq |u_1|$, so ist $|\zeta + 1| \leqq 2$ und

$$|\zeta - 1| < B\,|u - 1|^{1/\varepsilon_1}, \quad |\zeta'(u)| > A\,|u - 1|^{1/\varepsilon_1 - 1};$$

für $|u - 1| \leqq |u_1 - 1|$ ist $|\zeta - 1| \leqq 2$ und

$$|\zeta + 1| < B\,|u|^2, \quad |\zeta'(u)| > A\,|u|$$

nach dem Satz von Warschawski.
Wegen $|u - 1| \leqq L_1(\infty) - L_1$ bzw. $|u| \leqq L_1 - L_1(-\infty)$ folgt daher für $0 < L_1 < L_1' < L_1(\infty)$ $(s_0 < s' < s < s_2)$

$$\int_{l_1}^{l_1'} V(P, R_3)\,dl_1 \geqq \frac{Q}{\pi}\,\frac{A}{B} \ln \frac{L_1(\infty) - L_1}{L_1(\infty) - L_1'}$$

und für $L_1(-\infty) < L_1 < L_1' < 0$ $(s_1 > s > s' > s_2)$

$$\int_{l_1}^{l_1'} V(P, R_3)\,dl_1 \geqq \frac{Q}{\pi}\,\frac{A}{B} \ln \frac{L_1' - L_1(-\infty)}{L_1 - L_1(-\infty)},$$

so daß man zusammen mit (2.16) und $\mu = \dfrac{B}{A} > 1$

$$\left[\frac{\cos s_0 - \cos s'}{\cos s_0 - \cos s}\,\frac{\cos s - \cos s_1}{\cos s' - \cos s_1}\right]^\mu \leqq \frac{L_1(\infty) - L_1'}{L_1(\infty) - L_1} \leqq 1$$

in $s_0 < s' < s < s_2$ bzw.

$$\left[\frac{\cos s_0 - \cos s'}{\cos s_0 - \cos s}\,\frac{\cos s - \cos s_1}{\cos s' - \cos s_1}\right]^\mu \leqq \frac{L_1 - L_1(-\infty)}{L_1' - L_1(-\infty)} \leqq 1$$

in $s_2 < s' < s < s_1$ erhält.
Für $s_0 < s' < s < s_2$ folgt hieraus

$$\frac{L_1' - L_1}{L_1(\infty) - L_1} = 1 - \frac{L_1(\infty) - L_1'}{L_1(\infty) - L_1}$$
$$\leqq \left(\frac{\cos s - \cos s_1}{\cos s_0 - \cos s}\right)^\mu \left(h^\mu(s) - h^\mu(s')\right)$$

mit $h(s) = \dfrac{(\cos s_0 - \cos s)}{(\cos s - \cos s_1)}$ und für $s_2 < s' < s < s_1$

$$\frac{L_1' - L_1}{L_1' - L_1(-\infty)} = 1 - \frac{L_1 - L_1(-\infty)}{L_1' - L_1(-\infty)}$$
$$\leqq \left(\frac{\cos s_0 - \cos s'}{\cos s' - \cos s_1}\right)^\mu \left(g^\mu(s') - g^\mu(s)\right)$$

mit $g(s) = \dfrac{(\cos s - \cos s_1)}{(\cos s_0 - \cos s)}$.

Wegen

$$h^\mu(s) - h^\mu(s') \leqq \mu h^{\mu-1}(s) \frac{\cos s_0 - \cos s_1}{(\cos s - \cos s_1)^2} (\cos s' - \cos s)$$

und

$$g^\mu(s') - g^\mu(s) \leqq \mu g^{\mu-1}(s') \frac{\cos s_0 - \cos s_1}{(\cos s_0 - \cos s')^2} (\cos s' - \cos s)$$

erhält man in $s_0 < s' < s < s_2$

$$\frac{L_1' - L_1}{L_1(\infty) - L_1} \leqq \mu \frac{\cos s_0 - \cos s_1}{(\cos s - \cos s_1)(\cos s_0 - \cos s)} (\cos s' - \cos s) \quad (2.19)$$

und in $s_2 < s' < s < s_1$

$$\frac{L_1' - L_1}{L_1' - L_1(-\infty)} \leqq \mu \frac{\cos s_0 - \cos s_1}{(\cos s' - \cos s_1)(\cos s_0 - \cos s')} (\cos s' - \cos s). \quad (2.20)$$

Um eine Abschätzung für die Differenzen $L_1(\infty) - L_1$ und $L_1' - L_1(-\infty)$ in (2.19), (2.20) zu erhalten, wird die Vergleichsregion R_4 betrachtet.
Für $s_0 < s < s_2$ $(\infty > l_1 > 0)$ gilt

$$\int_0^{l_1} V(P, R) \, dl = \int_s^{s_2} \left|\frac{df}{ds}\right| ds = \frac{Q}{\pi} \ln \frac{\cos s_0 - \cos s_2}{\cos s_0 - \cos s} \frac{\cos s - \cos s_1}{\cos s_2 - \cos s_1}. \quad (2.21)$$

Betrachtet man wieder die durch $\zeta = \zeta(u)$ gegebene Abbildung des in der u-Ebene gelegenen Winkelgebietes mit den Winkeln $\varepsilon_2\pi$ $\left(\varepsilon_2 = (H - H')/(2B)\right)$ bei $u = 0$, $\pi/2$ bei $u = 1/2$, $\pi/2$ bei $u = 1$, $\geqq \varepsilon\pi$ bei u_P, $\pi + \alpha$ bei u_A auf den Einheitskreis der ζ-Ebene, so gilt nach Folgerung 2 zu Satz 2.6

$$\int_0^{l_1} V(P, R_4) \, dl_1 = \frac{Q}{\pi} \int_0^{l_1} \left|\frac{2}{(1 - \zeta)(1 + \zeta)}\right| |\zeta'(u)| \, dL_1$$

und nach dem Satz von Warschawski

$$|\zeta'(u)| < B' \, |u - 1|^{\frac{1}{\varepsilon_2} - 1},$$

$$|\zeta - 1| > A' \, |u - 1|^{\frac{1}{\varepsilon_2}}$$

auf der Wand in der Umgebung $|u| \leqq |u_1|$ und

$$|\zeta'(u)| < B' \, |u|,$$

$$|\zeta + 1| > A' \, |u|^2$$

in der Umgebung $|u - 1| \leqq |u_1 - 1| = |u_1|$.
Wegen $|u - 1| > \Gamma\big(L_1(\infty) - L_1\big)$ mit $\Gamma \leqq 1$ folgt

$$\int_0^{l_1} V(P, R) \, dl_1 \leqq \frac{2QB'}{\sqrt{2}\pi A'} \int_0^{L_1} \frac{dL_1}{L_1(\infty) - L_1} = \frac{2QB'}{\sqrt{2}\pi A'\Gamma} \ln \frac{L_1(\infty)}{L_1(\infty) - L_1},$$

also

$$L_1(\infty) - L_1 \leqq L_1(\infty) \left(\frac{\cos s_0 - \cos s}{\cos s_0 - \cos s_2} \, \frac{\cos s_2 - \cos s_1}{\cos s - \cos s_1} \right)^{\varrho_2}$$

mit $\varrho_2 = \sqrt{2}\, A'\Gamma/(2B') < 1$. Analog erhält man für $s_2 < s < s_1$ $(0 > l_1 > -\infty)$ aus

$$\int_{l_1}^{0} V(P, R) \, dl_1 = \int_{s_2}^{s} \left| \frac{df}{ds} \right| ds = \frac{Q}{\pi} \ln \frac{\cos s_0 - \cos s}{\cos s_0 - \cos s_2} \, \frac{\cos s_2 - \cos s_1}{\cos s - \cos s_1}$$

$$\leqq \frac{Q}{\pi} \int_{L_1}^{0} \left| \frac{2}{(1 - \zeta)(1 + \zeta)} \right| |\zeta'(u)| \, dL_1$$

$$\leqq \frac{2QB'}{\sqrt{2}\,\pi A'\Gamma} \ln \frac{-L_1(-\infty)}{L_1 - L_1(-\infty)}$$

$$L_1 - L_1(-\infty) \leqq -L_1(-\infty) \left(\frac{\cos s_0 - \cos s_2}{\cos s_0 - \cos s} \, \frac{\cos s - \cos s_1}{\cos s_2 - \cos s_1} \right)^{\varrho_2}$$

Zusammen mit (2.19) (2.20) ergibt sich damit für $s_0 \leqq s' < s \leqq s_2$

$$L_1' - L_1 \leqq \mu \frac{\pi}{4c} \left(\frac{\cos s_2 - \cos s_1}{(\cos s_0 - \cos s_2)(\cos s_2 - \cos s_1)} \right)^{\varrho_2}$$

$$\times \frac{\cos s_0 - \cos s_1}{\cos s_2 - \cos s_1} (\cos s' - \cos s)^{\varrho_2}$$

und für $s_2 \leqq s' < s \leqq s_1$

$$L_1' - L_1 \leqq \mu \frac{\pi}{4c} \left(\frac{\cos s_0 - \cos s_2}{(\cos s_0 - \cos s_1)(\cos s_2 - \cos s_1)} \right)^{\varrho_2}$$

$$\times \frac{\cos s_0 - \cos s_1}{\cos s_0 - \cos s_2} (\cos s' - \cos s)^{\varrho_2},$$

so daß wegen der Abschätzungen (2.7) und der Ungleichung (2.17) die Behauptung folgt.

3. Fixpunktgleichungen und Abschätzungen der Lösungen

In den folgenden Untersuchungen wird die Ungleichung benötigt: Für $a > 0$ gilt in $-\infty < l', l < \infty$

$$|\text{arc tan } e^{l'} - \text{arc tan } e^{l}| \leqq 2\, |\text{arc tan } e^{al'} - \text{arc tan } e^{al}|^{\lambda} \tag{3.1}$$

mit $\lambda = \min(1/a, 1)$.

Beweis. a) Falls $0 < a \leqq 1$, folgt wegen der Ungleichung $1 + u^a \leqq 2^{1-a} \times (1 + u)^a$ und

$$\frac{e^{at}}{1 + e^{2at}} \geqq \frac{1}{2^{1-a}} \left(\frac{e^t}{1 + e^{2t}} \right)^a \geqq 2^{a-1} \frac{e^t}{1 + e^{2t}}$$

für $l' > l$

$$|\text{arc tan } e^{al'} - \text{arc tan } e^{al}| = \frac{1}{a} \int\limits_{l}^{l'} \frac{e^{at}}{1 + e^{2at}}\, dt$$

$$\geqq \frac{1}{2} [\text{arc tan } e^{l'} - \text{arc tan } e^{l}],$$

d. h. (3.1) mit $\lambda = 1$.

b) Falls $a > 1$ und $l' > 1 \geqq 0$, so folgt wegen $1 + u^a \leqq (1 + u)^a$, $u^a - v^a \geqq (u - v)^a$ für $u > v > 0$, $x \geqq \arctan x \geqq \pi/4$ für $0 \leqq x \leqq 1$

$$\begin{aligned}
\arctan e^{al'} - \arctan e^{al} &= \arctan \frac{e^{al'} - e^{al}}{1 + e^{al}e^{al'}} \\
&\geqq \frac{\pi}{4} \frac{e^{al'} - e^{al}}{1 + e^{al}e^{al'}} \geqq \frac{\pi}{4} \left(\frac{e^{l'} - e^{l}}{1 + e^{l}e^{l'}}\right)^a \\
&\geqq \frac{\pi}{4} \left(\arctan \frac{e^{l'} - e^{l}}{1 + e^{l}e^{l'}}\right)^a, \\
&= \frac{\pi}{4} (\arctan e^{l'} - \arctan e^{l})^a,
\end{aligned}$$

d. h. (3.1) mit $\lambda = \frac{1}{a}$.

Analog schließt man für $0 \geqq l' > l$.

Für $l < 0$, $l' > 0$ folgt die Behauptung wegen $(u + v)^a \leqq 2^{a-1}(u^a + v^a)$ für $u > 0$, $v > 0$ aus

$$\begin{aligned}
&(\arctan e^{l'} - \arctan e^{l})^a \\
&\leqq 2^{a-1} \left[\left(\arctan e^{l'} - \frac{\pi}{4}\right)^a + \left(\frac{\pi}{4} - \arctan e^{l}\right)^a\right] \\
&\leqq 2^{a-1} \frac{4}{\pi} [\arctan e^{l'} - \arctan e^{l}].
\end{aligned}$$

3.1. *Fixpunktgleichungen des Problems*

Seien $\mathbb{B}$, $\mathbb{B}_1$ Banach-Räume der Hölder-stetigen Funktionen $l(s)$ bzw. $L(s)$ in $\pi/2 \leqq s \leqq \pi$ bzw. $0 \leqq s \leqq \pi/2$ mit dem Hölder-Exponenten $1/2$ in $\mathbb{B}$ und $\mu = \left(1 - \tan (s_1{}^0/2)\right)/\left(1 + \tan (s_1{}^0/2)\right)$ in $\mathbb{B}_1$ und D das Dreieck $0 < s_1 < s_1{}^0 < \pi/2$, $0 \leqq s_0 < s_1$ in $\mathbb{R} \times \mathbb{R}$. Zu $l(s) \in \mathbb{B}$, $L(s) \in \mathbb{B}_1$, $(s_0, s_1) \in D$, $M \in \mathbb{R}$ mit $M > 0$ sei

$$L_1(s) = L(s) - L(s_0) + \frac{s - s_0}{s_1 - s_0} \left[\frac{\pi}{2} - \{L(s_1) - L(s_0)\}\right], \tag{3.2}$$

$$L_2(s) = \min \left(L_1(s), \frac{\pi}{2}\right) + \max \left(-L_1(s), 0\right). \tag{3.3}$$

Dann gilt $L_2(s_0) = 0$, $L_2(s_1) = \frac{\pi}{2}$, $0 \leqq L_2(s) \leqq \frac{\pi}{2}$, und $L_2(s)$ ist Hölder-stetig.

Setzt man für $s_0 < s < s_1$

$$l_1(s) = M \ln \tan L_2(s), \tag{3.4}$$

so folgt wegen (1.15), (3.1)

$$|\psi_1[l_1(s)] - \psi_1[l_1(s')]| < C\,|L_1(s) - L_2(s')|^{\nu_1\lambda} < C_1\,|s - s'|^{\nu_1\lambda\mu},$$

$$|\psi[l(s)] - \psi[l(s')]| < C_1\,|s - s'|^{\frac{1}{2}\nu}$$

so daß $\Theta(e^{is})$ auf $\zeta = e^{is}$ Hölder-stetige Randwerte besitzt. Das Gleiche gilt dann für die Funktion $T(e^{is})$. Wird $\overline{M}$ aus der Gleichung

$$b = \overline{M}(\cos s_1 - \cos s_0)\, e^{\tau(e^{is_0})} \int_{\pi/2}^{\pi} e^{-\tau(e^{it})} \frac{\sin t}{(\cos s_0 - \cos t)(\cos s_1 - \cos t)}\, dt \tag{3.5}$$

bestimmt, dann liefert

$$\bar{l}(s) = \overline{M}(\cos s_1 - \cos s_0)\, e^{\tau(e^{is_0})} \int_{\pi/2}^{s} e^{-\tau(e^{it})} \frac{\sin t}{(\cos s_0 - \cos t)(\cos s_1 - \cos t)}\, dt \tag{3.6}$$

für $\pi/2 \leqq s \leqq \pi$ die Bogenlänge einer Kurve mit den gleichen Tangentenwinkeln wie das vorgegebene Hindernis und der Gesamtlänge b. $\bar{l}(s)$ ist für $\beta \geqq 0$ stetig differenzierbar, und für $-1/2 < \beta < 0$ ist $\bar{l}(s)$ wegen $|x^\nu - y^\nu| \leqq |x - y|^\nu$

$$|l(s) - l(s')| \leqq C \left| \int_s^{s'} \frac{dt}{\left(t - \frac{\pi}{2}\right)^{-\beta}} \right| = 2C \left| \left(s' - \frac{\pi}{2}\right)^{\beta+1} - \left(s - \frac{\pi}{2}\right)^{\beta+1} \right|$$
$$\leqq 2C\,|s' - s|^{\beta+1}$$

Hölder-stetig, also $\bar{l}(s) \in \mathbf{B}$.

Der Bogen $\zeta = e^{is}$ $(s_0 < s < s_1)$ wird durch (1.11) auf eine Kurve abgebildet mit den gleichen Tangentenwinkeln wie die vorgegebene Wand und der Bogenlänge

$$l_1(s) = -\overline{M}(\cos s_0 - \cos s_1)\, e^{\tau(e^{is_0})} \int_{s_2}^{s} e^{-\tau} \frac{\sin t}{(\cos s_0 - \cos t)(\cos t - \cos s_1)}\, dt. \tag{3.7}$$

Dabei sei s_2 derjenige Wert, für den der Bildpunkt von $\zeta = e^{is_2}$ auf der Wand bei $x = 0$ liegt. Da Re $z(s)$ für $s_0 < s < s_1$ monoton fällt, ist s_2 eindeutig festgelegt. $\bar{l}_1(s)$ fällt für $s_0 < s < s_1$ monoton von ∞ bis $-\infty$. Setzt man

$$\begin{gathered}\bar{L}(s) = \text{arc tan}\, e^{\frac{1}{\bar{M}}\bar{l}_1(s)} \quad (s_0 < s < s_1), \\ \bar{L}(s) = 0 \;\; (0 \leqq s \leqq s_1), \quad \bar{L}(s) = \frac{\pi}{2} \;\; \left(s_1 \leqq s \leqq \frac{\pi}{2}\right),\end{gathered} \tag{3.8}$$

so erhält man eine in $0 \leqq s \leqq \pi/2$ stetige Funktion mit $0 \leqq \bar{L}(s) \leqq \pi/2$, die für $s \neq s_0$, $s \neq s_1$ differenzierbar ist. Nach Gleichung (3.7) gilt für $s_2 \leqq s < s_1$

$$\frac{1}{\bar{M}}\,\bar{l}_1(s) = e^{\tau(e^{is_0}) - \tau(e^{is_1})} \ln \frac{\cos s - \cos s_1}{\cos s_0 - \cos s} \frac{\cos s_0 - \cos s_2}{\cos s_2 - \cos s_1} + g(s),$$

$$g(s) = -(\cos s_0 - \cos s_1)\, e^{\tau(e^{is_0})}$$

$$\times \int_{s_2}^{s} \left[e^{-\tau(e^{is})} - e^{-\tau(e^{is_1})}\right] \frac{\sin s}{(\cos s_0 - \cos s)(\cos s - \cos s_1)}\, ds.$$

Wegen der Hölder-Stetigkeit von $\tau(e^{is})$ in $s_0 \leqq s \leqq s_1$ ist die Funktion $g(s)$ beschränkt. Da $\vartheta(e^{is_0}) = \vartheta(e^{is_1}) = 0$ gilt, hat man wegen

$$\tau(e^{is}) = \frac{1}{\pi} \int_0^{\pi} \{\vartheta(e^{is}) - \vartheta(e^{is'})\} \frac{\sin s}{\cos s - \cos s'}\, ds' \tag{3.9}$$

$$\tau(e^{is_0}) - \tau(e^{is_1}) = \frac{1}{\pi} \int_{s_0}^{s_1} -\vartheta(e^{it})\, f(t)\, dt + \frac{1}{\pi} \int_{\pi/2}^{\pi} -\vartheta(e^{it})\, f(t)\, dt$$

mit $f(t) = \dfrac{\sin s_0}{\cos s_0 - \cos t} - \dfrac{\sin s_1}{\cos s_1 - \cos t}$. Für $s_0 < t < s_1$ ist $f(t) > 0$ und $-\vartheta(e^{it}) = -\psi_1[\bar{l}_1(s)] \geqq 0$, so daß

$$\tau(e^{is_0}) - \tau(e^{is_1}) > \frac{1}{\pi} \int_{\pi/2}^{\pi} -\vartheta(e^{it})\, f(t)\, dt$$

folgt. Mit $\alpha - \pi < \vartheta(e^{it}) < \alpha$ für $\pi/2 \leqq t \leqq \pi$ erhält man

$$\tau(e^{is_0}) - \tau(e^{is_0}) \geqq -\frac{\alpha}{\pi} \int_{\pi/2}^{\pi} \frac{\sin s_0}{\cos s_0 - \cos t}\, dt + \frac{\alpha - \pi}{\pi} \int_{\pi/2}^{\pi} \frac{\sin s_1}{\cos s_1 - \cos t}\, dt$$

$$= \ln \left(\frac{1 - \tan \frac{s_0}{2}}{1 + \tan \frac{s_0}{2}} \right)^{\frac{\alpha}{\pi}} + \ln \left(\frac{1 - \tan \frac{s_1}{2}}{1 + \tan \frac{s_1}{2}} \right)^{1 - \frac{\alpha}{\pi}}$$

$$> \ln \frac{1 - \tan \frac{s_1}{2}}{1 + \tan \frac{s_1}{2}}$$

und

$$\exp\left[\tau(e^{is_0}) - \tau(e^{is_1})\right] > \frac{1 - \tan \frac{s_1^0}{2}}{1 + \tan \frac{s_1^0}{2}} = \mu$$

wegen $0 \leqq s_0 < s_1 < s_1^0$. Die Funktion $L(s)$ ist also wegen

$$\bar{L}(s) - \bar{L}(s_1) = \text{arc tan}\, e^{\frac{1}{\bar{M}}\bar{l}_1(s)} \leqq e^{\frac{1}{\bar{M}}\bar{l}_1(s)}$$

$$= e^{g(s)} \left(\frac{\cos s - \cos s_1}{\cos s_0 - \cos s} \frac{\cos s_0 - \cos s_2}{\cos s_2 - \cos s_1} \right)^{\mu} \tag{3.10}$$

für $s_2 \leqq s \leqq s_1$ Hölder-stetig mit dem Exponenten μ. Analog folgt aus (3.7) in $s_0 \leqq s \leqq s_2$

$$-\frac{\bar{l}_1(s)}{\bar{M}} = \ln \frac{\cos s_2 - \cos s_1}{\cos s_0 - \cos s_2} \frac{\cos s_0 - \cos s}{\cos s - \cos s_1} - g(s),$$

so daß wegen

$$\bar{L}_1(s) - \bar{L}_1(s_0) = \text{arc tan}\, e^{\frac{1}{\bar{M}}\bar{l}_1(s)} - \frac{\pi}{2} = \text{arc tan}\, e^{-\frac{1}{\bar{M}}\bar{l}_1(s)} \leqq e^{-\frac{1}{\bar{M}}\bar{l}_1(s)}$$

$$= e^{-g(s)} \frac{\cos s_2 - \cos s_1}{\cos s_0 - \cos s_2} \frac{\cos s_0 - \cos s}{\cos s - \cos s_1} \tag{3.11}$$

$\bar{L}(s)$ einer Hölder-Bedingung mit dem Exponenten 1 für $s_0 \leqq s \leqq s_2$ genügt. Insgesamt folgt also $\bar{L}(s) \in \mathbb{B}_1$.

Die y-Koordinate des Endpunktes der freien Linie ergibt sich zu

$$y(1) = \overline{M}(\cos s_0 - \cos s_1)\, e^{\tau(e^{is_0})} \int_{\pi/2}^{\pi} \sin \psi[l(s)]$$

$$\times\, e^{-\tau} \frac{\sin s}{(\cos s_0 - \cos s)(\cos s_1 - \cos s)}\, ds + \overline{M}(\cos s_0 - \cos s_1)$$

$$\times\, e^{\tau(e^{is_0})} \int_{-1}^{1} \sin \vartheta(\xi) \frac{1 - \xi^2}{(1 - 2\xi \cos s_0 + \xi^2)(1 - 2\xi \cos s_1 + \xi^2)}\, d\xi. \quad (3.12)$$

Als Kanalbreite stromabwärts erhält man

$$\overline{H} = y(1) + \pi U M, \quad (3.13)$$

und daraus ergibt sich die Kanalbreite flußaufwärts wegen (1.23) zu

$$\overline{B} = \overline{H} - \int_{-\infty}^{\infty} \sin \psi_1[\bar{l}_1]\, d\bar{l}_1. \quad (3.14)$$

Insgesamt liefern die Beziehungen für einen Punkt $x = \{l(s), L(s), M, s_0, s_1\}$ mit $M > 0$, $(s_0, s_1) \in D$ aus (3.5), (3.6), (3.7), (3.8) Funktionen $\bar{l}(s)$, $\bar{L}(s)$ und eine Zahl $\overline{M}$:

$$\bar{l}(s) = V_1(x),$$

$$\bar{L}(s) = V_2(x), \quad (3.15)$$

$$\overline{M} = V_3(x).$$

Man erhält eine Lösung des Helmholtz-Problems, wenn für $s_0 = 0$ $\bar{l}(s) = l(s)$, $\bar{L}(s) = L(s)$, $\overline{M} = M$ gilt (es ist dann $L(s_0) = 0$, $L(s_1) = \pi/2$ und $L_2(s) = L(s)$; wegen (3.8) (3.4) gilt dann $\bar{l}_1(s) = l_1(s)$) und wenn s_1 so bestimmt werden kann, daß die Kanalbreite eine vorgegebene Zahl H wird, d. h., daß nach (3.13)

$$s_1 = s_1 + \frac{1}{H}\left(y(1) + \pi U M\right)$$

gilt, d. h.

$$s_1 = V_4(x). \quad (3.16)$$

Eine Lösung des schlichten Totwasserproblems ist gegeben durch einen Fixpunkt von (3.15), (3.16) und die Bedingung

$$y(1) = 0 \quad \text{für} \quad s_0 > 0, \quad y(1) \geqq 0 \quad \text{für} \quad s_0 = 0. \tag{3.17}$$

Die Bedingung (3.17) ist äquivalent zu einer Lösung der Gleichung

$$\left[s_0 + \max\left(0, -y(1)\right)\right] y(1) = 0. \tag{3.18}$$

Da Lösungen von (3.18) auf dem Rand $s_0 = 0$ von D liegen, sei

$$V_5(x) = \begin{cases} -\left[s_0 + \max\left(0, -y(1)\right)\right] y(1) + s_0 & \text{für} \quad s_0 \geqq 0, \\ 0 & \text{für} \quad s_0 < 0, y(1) \geqq 0, \\ y^2(1) & \text{für} \quad s_0 < 0; y(1) < 0. \end{cases} \tag{3.19}$$

Jede Lösung der Fixpunktgleichung

$$s_0 = V_5(x) \tag{3.20}$$

ist dann äquivalent zu (3.17).

3.2. Abschätzungen für die Lösungen

Satz 3.1. Für alle eventuellen Lösungen M der Gleichung (3.15) zu einer beschränkten Familie von Hindernissen und Wänden gibt es Zahlen $M_0 > 0$, $M_1 > 0$, so daß

$$M_0 < M < M_1$$

gleichmäßig für alle k gilt.

Beweis. a) Nach (3.5), (1.18) ist M durch die Beziehung

$$b = M \frac{U}{V} (\cos s_0 - \cos s_1) \int\limits_{\pi/2}^{\pi} e^{-T} \left(\frac{\sin\left(\frac{s}{2} - \frac{\pi}{4}\right)}{\sin\left(\frac{s}{2} + \frac{\pi}{4}\right)} \right)^{\beta} \times \frac{\sin s}{(\cos s_0 - \cos s)(\cos s - \cos s_1)} \, ds \tag{3.21}$$

bestimmt. Wegen der Ungleichung von Jensen

$$\frac{1}{\pi} \int\limits_{\pi/2}^{\pi} e^{x(s)} \, ds > \exp\left(\frac{1}{\pi} \int\limits_{\pi/2}^{\pi} x(s) \, ds \right), \tag{3.22}$$

$V \leqq U$ und $\cos s_0 - \cos s_1 > c_0$ folgt

$$M < \frac{b}{c_0 \pi} \exp \left\{ \frac{1}{\pi} \int_{\pi/2}^{\pi} \left[T(e^{is}) - \ln \left(\frac{\sin\left(\frac{s}{2} - \frac{\pi}{4}\right)}{\sin\left(\frac{s}{2} - \frac{\pi}{4}\right)} \right)^{\beta} \right. \right.$$

$$\left. \left. \times \frac{\sin s}{(\cos s_0 - \cos s)(\cos s - \cos s_1)} \right] ds \right\}.$$

Ferner gilt

$$\int_{\pi/2}^{\pi} \ln \sin s \, ds = -\frac{\pi}{2} \ln 2,$$

$$\int_{\pi/2}^{\pi} \ln \frac{1}{(\cos s_0 - \cos s)(\cos s - \cos s_1)} \, ds \leqq -\pi \ln 2,$$

$$-\beta \int_{\pi/2}^{\pi} \ln \frac{\sin\left(\frac{s}{2} - \frac{\pi}{4}\right)}{\sin\left(\frac{s}{2} + \frac{\pi}{4}\right)} \, ds < -\beta \int_{\pi/2}^{\pi} \ln \sin\left(\frac{s}{2} - \frac{\pi}{4}\right) ds = \pi\beta \ln 2$$

$$(\beta > 0),$$

$$-\beta \int_{\pi/2}^{\pi} \ln \frac{\sin\left(\frac{s}{2} - \frac{\pi}{4}\right)}{\sin\left(\frac{s}{2} + \frac{\pi}{4}\right)} \, ds < \beta \int_{\pi/2}^{\pi} \ln \sin\left(\frac{s}{2} + \frac{\pi}{4}\right) ds = -\pi\beta \ln 2$$

$$(\beta < 0),$$

so daß wegen $|\beta| < 1$ folgt:

$$\exp \frac{1}{\pi}\beta \int_{\pi/2}^{\pi} -\ln \frac{\sin\left(\frac{s}{2}-\frac{\pi}{4}\right)}{\sin\left(\frac{s}{2}+\frac{\pi}{4}\right)} \frac{\sin s}{(\cos s_0 - \cos s)(\cos s - \cos s_1)}\, ds < 4\sqrt{2}.$$

Für die Funktion

$$\Pi(\zeta) = \int_i^{\zeta} \Omega(\zeta)\, \frac{d\zeta}{i\zeta} = -i\Omega(0)\left(\ln \zeta - \ln i + \Pi_1(\zeta)\right)$$

ist $\int_{\pi/2}^{\pi} T(e^{is})\, ds = \operatorname{Im} \Pi(-1)$, und $\Pi_1(\zeta)$ ist für $|\zeta| < 1$ regulär. Wegen

$$\varrho(s) = \operatorname{Re} \Pi_1(e^{is}) = \int_{\pi/2}^{\pi} \Theta(e^{is})\, ds - \Theta(0)\left(s - \frac{\pi}{2}\right)$$

folgt $\varrho'(s) = \Theta(e^{is}) - \Theta(0)$. Aus

$$\Theta(e^{is}) = \begin{cases} \vartheta(e^{is}) + \frac{\pi}{2}\beta & \left(0 \leqq s \leqq \frac{\pi}{2}\right), \\ \vartheta(e^{is}) - \frac{\pi}{2}\beta & \left(\frac{\pi}{2} \leqq s \leqq \pi\right) \end{cases}$$

erhält man mit $\alpha - \pi < \vartheta(e^{is}) < \alpha$, $-1/2 < \beta \leqq 1$

$$\alpha - \frac{3}{2}\pi < \Theta(e^{is}) < \alpha + \frac{\pi}{2},$$

und wegen $\Theta(0) = \frac{1}{\pi}\int_0^{\pi} \Theta(e^{is})\, ds$ ist $|\varrho'(s)| \leqq 2\pi$. Die Funktion $\varrho(s)$ erfüllt also eine Lipschitz-Bedingung; nach dem Satz von Fatou-Priwaloff ist daher $|\Pi_1(\zeta)| < \delta_1\pi$ und

$$\int_{\pi/2}^{\pi} T(e^{is})\, ds < |\Pi_1(-1)| + \frac{\pi}{2}|\Theta(0)| < \delta\pi,$$

so daß schließlich

$$M < \frac{b}{\pi c_0} e^{\delta} 4 \sqrt{2} = M_1$$

folgt.

b) Nach den Sätzen 2.7 und 2.8 erfüllen die Funktionen $l(s)$ und $l_1(s)$ die Bedingungen

$$|l(s) - l(s)| < C_1 \, |\cos s' - \cos s|^{\varrho_1}, \quad \varrho_1 = \min\left(\frac{1}{2}, \varepsilon\right),$$

$$\left| \operatorname{arc\,tan} e^{\frac{\pi}{2B} l_1(s')} - \operatorname{arc\,tan} e^{\frac{\pi}{2B} l(s)} \right| < C_1 \, |\cos s' - \cos s|^{\varrho_2}$$

mit gleichen Hölder-Konstanten und Hölder-Exponenten für eine beschränkte Familie. Aus (1.15) folgt mit der Ungleichung (3.1), daß die Randwerte $\Theta(e^{is})$ der Funktion $\Theta(\zeta)$ in (1.17) Hölder-stetig,

$$|\Theta(e^{is'}) - \Theta(e^{is})| < 2CC_1 \, |\cos s' - \cos s|^{\varrho},$$

mit

$$\varrho = \min\,(\nu\varrho_1, \nu_1\varrho_2\lambda), \quad \lambda = \min\left(\frac{2B}{\pi}, 1\right), \quad B \geqq H.$$

sind. Daher erfüllt $\Omega(\zeta)$ und insbesondere $T(e^{is})$ gleichmäßig eine Hölderbedingung. Für einen Fixpunkt ist $l(\pi/2) = 0$ und daher $\beta = 1/2$. Nach (3.5), (1.18) ist

$$b = M(\cos s_0 - \cos s_1)\, e^{T(e^{is_0})} \left[\frac{\sin\left(\frac{\pi}{4} + \frac{s_0}{2}\right)}{\sin\left(\frac{\pi}{4} - \frac{s_0}{2}\right)}\right]^{\frac{1}{2}} \int\limits_{\pi/2}^{\pi} e^{-T} \left[\frac{\sin\left(\frac{s}{2} - \frac{\pi}{4}\right)}{\sin\left(\frac{s}{2} + \frac{\pi}{4}\right)}\right]^{\frac{1}{2}}$$

$$\times \frac{\sin s}{(\cos s_0 - \cos s)\,(\cos s - \cos s_1)}\, ds, \tag{3.23}$$

und der Faktor von M ist zusammen mit den Ungleichungen (2.7) für eine beschränkte Familie beschränkt. Also gilt $M > M_0 > 0$.

Satz 3.2. Es existieren Zahlen K_1, K_2, so daß für eine beschränkte Familie von Hindernissen und Wänden die Lösungen $l(s)$ und $L(s)$ der Gleichungen (3.15) gilt

$$||l(s)|| < b + K_1, \quad ||L(s)|| < \frac{\pi}{2} + K_2.$$

Beweis. Da $T(e^{is})$ für alle Elemente der beschränkten Familie gleichmäßig einer Hölder-Bedingung genügt und für einen Fixpunkt $\beta = 1/2$ gilt, besitzt $l(s)$ eine Hölder-stetige Ableitung. Wegen $M < M_1$ nach Satz 3.1 existiert eine Zahl K_1, so daß $||l(s)|| < b + K_1$ gilt. Die Funktionen $L(s)$ liegen in $\mathbb{B}_1$, und ihre Hölder-Konstanten werden nach (3.10), (3.11) bestimmt. Aus der Darstellung für $g(s)$ folgt mit den Ungleichungen (2.7) die Existenz einer Zahl K_2, so daß $||L(s)|| < \pi/2 + K_2$ gilt.

3.3. Eigenschaften der Funktionalgleichungen

Satz 3.3. Die durch V_1, V_2, V_3, V_4 für $s_0 = 0$ bzw. durch V_1, V_2, V_3, V_4, V_5 definierten Operatoren sind stetig und vollstetig.

Beweis. a) Stetigkeit: Sei $\delta s_0 = s_0' - s_0$, $\delta s_1 = s_1' - s_1$, $\delta M = M' - M$, $\delta l(s) = l'(s) - l(s)$, $\delta L(s) = L'(s) - L(s)$ mit $(s_0, s_1) \in D$, $(s_0', s_1') \in D$, $M > 0$, $M' > 0$, $l(s), l'(s) \in \mathbb{B}$, $L(s), L'(s) \in \mathbb{B}_1$. Es bedeute C eine beschränkte Funktion der Vorgaben. Da $L_1(s)$ in (3.2) stetig von s_0 und s_1 abhängt, folgt

$$\operatorname{Max} |L_1'(s) - L_1(s)| < C\,\{|\delta s_0| + |\delta s_1| + ||\delta L||\}$$

und aus (3.3)

$$\operatorname{Max} |L_2'(s) - L_2(s)| < C\{|\delta s_0| + |\delta s_1| + ||\delta L||\}.$$

Aus (1.15) folgt mit (3.1)

$$\begin{aligned}
&|\psi_1[l_1'(s)] - \psi_1[l_1(s)]| < C\,|\operatorname{arc\,tan} e^{l_1'(s)} - \operatorname{arc\,tan} e^{l_1(s)}| \\
&\leqq 2C \left|\operatorname{arc\,tan} e^{\frac{1}{M'}l_1'(s)} - \operatorname{arc\,tan} e^{\frac{1}{M'}l_1(s)}\right|^{\lambda\nu_1} \\
&\leqq 2C\,|L_2'(s) - L_2(s)|^{\lambda\nu_1} + \left|\operatorname{arc\,tan} e^{\frac{1}{M'}l_1(s)} - \operatorname{arc\,tan} e^{\frac{1}{M}l_1(s)}\right|^{\lambda\nu_1} \\
&< C\,[\{|\delta s_0| + |\delta s_1| + ||\delta L||\}^{\lambda\nu_1} + |\delta M|^{\lambda\nu_1}]
\end{aligned}$$

und $|\psi[l'(s)] - \psi[l(s)]| < C\,||\delta l||^{\nu}$. Für die Randwerte $\Theta(e^{is})$ und $\Theta'(e^{is})$ der nach (1.17) zu bildenden Funktionen $\Theta(\zeta)$ und $\Theta'(\zeta)$ erhält man daraus

$$\operatorname{Max} |\Theta'(e^{is}) - \Theta(e^{is})| < C\{|\delta s_0|^{\lambda\nu_1} + |\delta s_1|^{\lambda\nu_1} + ||\delta l||^{\nu} + ||\delta L||^{\lambda\nu_1} + |\delta M|^{\lambda\nu_1}\}.$$

Aus der Darstellung von $T(e^{is})$ durch die Randwerte des Realteils folgt dann aus den Eigenschaften der Poissonschen Integralformel

$$\operatorname{Max} |T'(e^{is}) - T(e^{is})| < \varepsilon$$

für hinreichend kleine Vorgaben.

Da $\overline{M}$ in (3.5) stetig von s_0, s_1, $T(e^{is_0})$, β abhängt, wird $\delta\overline{M} = \overline{M}' - \overline{M}$ mit den Vorgaben klein und ebenso Max $|\bar{l}'(s) - \bar{l}(s)|$. Weil

$$\bar{l}(s') - \bar{l}(s) = M(\cos s_0 - \cos s_1)\, e^{T(e^{is_0})} \left[\frac{\sin\left(\frac{\pi}{4} + \frac{s_0}{2}\right)}{\sin\left(\frac{\pi}{4} - \frac{s_0}{2}\right)}\right]^{\beta}$$

$$\times \int_{s'}^{s} e^{-T} \left[\frac{\sin\left(\frac{\pi}{4} - \frac{s}{2}\right)}{\sin\left(\frac{\pi}{4} + \frac{s}{2}\right)}\right]^{\beta} \frac{\sin s\, ds}{(\cos s_0 - \cos s)(\cos s_1 - \cos s)}$$

stetig von s_0, s_1, $T(e^{is})$, β abhängt, folgt

$$|\bar{l}(s') - \bar{l}(s)| < C\{|\delta M| + |\delta s_0| + |\delta s_1| + \operatorname{Max} |e^{-T'} - e^{-T}|\}\, |s' - s|^{\frac{1}{2}}.$$

Wegen der stetigen Abhängigkeit der Funktion $\bar{l}(s)$ von $\overline{M}$, s_0, s_1, $T(e^{is})$, β wird $s_0 = s_2' - s_2$ mit den Vorgaben klein, wobei s_2, s_2' diejenigen Werte sind, für die $\bar{l}'(s_2') = \bar{l}(s_2) = 0$ gilt. Die Funktion $g(s)$ in (3.10), (3.11) hängt ebenfalls stetig von s_0, s_1, $T(e^{is})$, β ab, so daß Max $|g'(s) - g(s)|$ mit den Vorgaben klein wird. Nach (3.10) wird dann auch

$$\begin{aligned}|L'(s) - L(s)| &= \left|\operatorname{arc\,tan} e^{\frac{1}{M'}l_1'(s)} - \operatorname{arc\,tan} e^{\frac{1}{M}l_1(s)}\right| \\ &\leqq |e^{g'(s)} - e^{g(s)}|\, |h^{\mu_1}(s, s_0', s_1', s_2')| \\ &\quad + e^{g(s)}\, |h^{\mu_1'}(s, s_0, s_1, s_2) - h^{\mu_1}(s, s_0, s_1, s_2)|,\end{aligned}$$

$$\mu_1' = \frac{1 - \tan\dfrac{s_1'}{2}}{1 + \tan\dfrac{s_1'}{2}}, \quad \mu_1 = \frac{1 - \tan\dfrac{s_1}{2}}{1 + \tan\dfrac{s_1}{2}},$$

$$h(s, s_0, s_1, s_2) = \frac{\cos s - \cos s_1}{\cos s_0 - \cos s}\, \frac{\cos s_0 - \cos s_2}{\cos s_2 - \cos s_1}$$

mit den Vorgaben klein. Nach dieser Umformung ist in $s_2 \leqq s' \leqq s_1$

$$\begin{aligned}|\delta L(s') - \delta L(s_1)| = |\delta L(s')| &\leqq |e^{g'(s')} - e^{g(s')}|\, |h^{\mu_1'}(s', s_0', s_1', s_2')| \\ &+ e^{g(s')}\, |h^{\mu_1' - \mu_1}(s', s_0', s_1', s_2') - 1|\, |h^{\mu_1}(s', s_0', s_1', s_2')| \\ &+ |h(s', s_0', s_1', s_2') - h(s', s_0, s_1, s_2)|^{\mu_1} \\ &\leqq C\{|\delta M| + |\delta s_0| + |\delta s_1| + \operatorname{Max} |e^{-T'} - e^{-T}|\, |s' - s|^{\mu_1}\end{aligned}$$

und analog für die übrigen Intervalle, so daß mit $|\delta L(s') - \delta L(s)| \leqq |\delta L(s') - \delta L(s_1)| + |\delta L(s) - \delta L(s_1)|$ die Stetigkeit des Operators V_2 folgt. Die Stetigkeit der Operatoren V_4 und V_5 ergibt sich schließlich, weil $y(1)$ stetig von $\overline{M}$, s_0, s_1, $T(e^{is})$, $\Theta(\xi)$ abhängt.

b) Vollstetigkeit: Sei $||l(s)|| < K$, $||L(s)|| < K$, (s_0, s_1) aus einer beschränkten Teilmenge von $D \cup D_1$ mit $s_0 < s_1 < s_1{}^0$ und $M_0 < M < M_1$. Dann folgt mit (1.15) und (3.1)

$$|\psi[l(s')] - \psi[l(s)]| < 2CK\,|s' - s|^{\frac{1}{2}\nu}$$

$$|\psi_1[l_1(s')] - \psi_1(l_1(s))]| < 2CK\,|s' - s|^{\nu_1 \lambda \mu}, \quad \lambda = \min(M_0, 1).$$

Nach dem Satz von Fatou-Priwaloff erfüllen die Funktionen $\Omega(\zeta)$ und insbesondere $T(e^{is})$ gleichmäßig eine Hölder-Bedingung. Die Parameter $\overline{M}$ sind wegen der Ungleichung (3.22) gleichmäßig nach oben beschränkt. Die Funktionen $l(s)$ aus (3.6) sind gleichmäßig beschränkt, erfüllen wegen (2.5) gleichmäßig eine Hölder-Bedingung mit dem Exponenten $1/2 + \varepsilon$ und sind daher in $\mathbb{B}$ kompakt. Da $g(s)$, in (3.10), (3.11) gleichmäßig beschränkt ist, genügen die Funktionen $\bar{L}(s)$ gleichmäßig einer Hölder-Bedingung mit dem Exponenten $\mu_0 = (1 - \tan s_1)/(1 + \tan s_1) > \mu$, so daß sie in $\mathbb{B}_1$ kompakt sind. Schließlich sind die sich aus V_4 und V_5 ergebenden Zahlen $\bar{s}_1$ und $\bar{s}_0$ gleichmäßig beschränkt.

4. Existenzsätze

Satz 4.1. Das unendliche Totwasserproblem besitzt zu jedem H $(H > b)$, jedem Hindernis und jeder Wand, deren Winkel (1.15) und

$$\alpha - \pi + \varepsilon\pi \leqq \psi[l] \leqq \alpha - \varepsilon\pi \qquad \left(0 < \varepsilon < \frac{1}{2}, \frac{\pi}{2} < \alpha < \pi\right)$$

$$\alpha - \pi \leqq \psi_1[l_1] \leqq 0$$

erfüllen, mindestens eine Lösung.

Beweis. Die Existenz einer Lösung ist äquivalent zu einer Lösung der Fixpunktgleichung

$$x = V(x) \quad \text{für} \quad x = \{l(s), L(s), M, s_1\},$$

wobei V durch (3.15) und (3.16) mit $s_0 = 0$ gegeben ist.
Die Funktionen

$$\psi^{(k)}[l] = k\psi[l] + (1 - k)\,\frac{\pi}{2}\;(0 \leqq l \leqq b),$$
$$\psi_1{}^{(k)}[l_1] = k\psi_1[l_1] \qquad (-\infty < l_1 < \infty), \tag{4.1}$$

mit Asymptoten $H_k = H$ der Wände definieren für $0 \leqq k \leqq 1$ eine beschränkte Familie von Hindernissen und Wänden. Variiert k von 1 bis 0, so geht das gegebene Hindernis in eine Gerade der Länge b senkrecht zur Strömung und die Wand in eine geradlinige Wand parallel zur Strömung im Unendlichen über. Wie aus dem Nachweis der Stetigkeit von V hervorgeht, ist V auf jeder beschränkten Menge der Variablen bezüglich k gleichmäßig stetig. Da jede Lösung von $x = V(x)$ im Inneren des Gebietes $||l(s)|| < b + K_1$, $||L(s)|| < \frac{\pi}{2} + K_2$, $M_0 < M < M_1$, $0 < s_1 < s_1^0$ liegt, bleibt der Totalindex konstant. Für $k = 0$ sind die Operatoren V_1, V_2, V_3 unabhängig von $l(s)$, $L(s)$ und M. Mit

$$I_1(s_1) = \int_{\pi/2}^{\pi} e^{-\tau(e^{is})} \frac{\sin s}{(1 - \cos s)(\cos s_1 - \cos s)} ds,$$

$$I_2(s_1) = \int_{-1}^{1} \sin \vartheta(\xi) \frac{1 - \xi^2}{(1 - \xi)^2 (1 - 2\xi \cos s_1 + \xi^2)} d\xi$$

muß eine Lösung s_1 von (3.16)

$$H = b + \frac{I_2(s_1)}{I_1(s_1)} b + \frac{1}{(1 - \cos s_1) I_1(s_1)} \pi b \tag{4.2}$$

erfüllen.

Nun ist für $k = 0$

$$\tau(e^{is}) = \frac{1}{2} \int_0^{\pi/2} \frac{\sin s}{\cos s - \cos t} dt = \frac{1}{2} \ln \frac{-\cos s}{1 + \sin s},$$

$$\vartheta(\xi) = \frac{1}{2} \int_{\pi/2}^{\pi} \frac{1 - \xi^2}{1 - 2\xi \cos s + \xi^2} ds = \frac{\pi}{2} - \operatorname{arc\,tan} \frac{1 + \xi}{1 - \xi},$$

$$\sin \vartheta(\xi) = \frac{1}{2} \sqrt{2} \frac{1 - \xi}{\sqrt{1 + \xi^2}},$$

$$I_1(s_1) = \int_{\pi/2}^{\pi} \sqrt{\frac{1 + \sin s}{-\cos s}} \frac{\sin s}{(1 - \cos s)(\cos s_1 - \cos s)} ds,$$

$$I_2(s_1) = \sqrt{2} \int_0^1 \frac{1}{\sqrt{1 + \xi^2}} \frac{1 + 2\xi^2 \cos s_1 + \xi^2}{(1 + \xi^2)^2 - 4\xi^2 \cos s_1} d\xi,$$

und $I_1(s_1)$, $(1 - \cos s_1) I_1(s_1)$ sind für $0 < s_1 < \pi/2$ streng monoton wachsend, $I_2(s_1)$ ist streng monoton fallend mit $\infty > I_2(s_1)/I_1(s_1) > 0$, $0 < (1 - \cos s_1)$

$\times I_1(s_1) < \infty$. Es gibt daher zu jedem H ($H > b$) genau einen Fixpunkt s_1 von (3.16). Der Totalindex der Lösung von (3.15), (3.16) ist

$$\operatorname{sign}\begin{vmatrix} 1 & -\dfrac{\partial V_3}{\partial s_1} \\ -\dfrac{\partial V_4}{\partial M} & 1-\dfrac{\partial V_4}{\partial s_1}\end{vmatrix} = \operatorname{sign}\left\{-\frac{b}{H}\left[\frac{\partial}{\partial s_1}\left(\frac{I_2(s_1)}{I_1(s_1)}\right) + \pi\frac{\partial}{\partial s_1}\frac{1}{I_1(s_1)}\right]\right\} = 1$$

wegen der Monotonie von $I_2(s_1)/I_1(s_1)$ und $1/I_1(s_1)$. Der Abbildungsgrad ist daher auch 1 für $k = 1$, und das unendliche Totwasserproblem hat mindestens eine Lösung.

Satz 4.2. Das schlichte Totwasserproblem besitzt zu jedem H ($H > b$), jedem Hindernis und jeder Wand, deren Winkel (1.15) und

$$\alpha - \pi + \varepsilon\pi \leqq \psi[l] \leqq \alpha - \varepsilon\pi \qquad \left(0 < \varepsilon < \frac{1}{2},\ \frac{\pi}{2} < \alpha < \pi\right),$$

$$\alpha - \pi \leqq \psi_1[l_1] \leqq 0$$

erfüllen, mindestens eine Lösung.

Beweis. Die Existenz einer Lösung ist äquivalent zu einer Lösung der Fixpunktgleichung

$$x = V(x)$$

für $x = \{l(s), L(s), M, s_1, s_0\}$, wobei V durch die Gleichungen (3.15), (3.16), (3.20) gegeben ist. Jede Lösung von $x = V(x)$ für die beschränkte Familie (4.1) erfüllt $||l(s)|| < b + K_1$, $||L(s)|| < \pi/2 + K_2$, $M_0 < M < M_1$, $(s_0, s_1) \in \{(s_0, s_1)\colon 0 \leqq s_0 < s_1 < s_1^0,\ \cos s_0 - \cos s_1 > c_0\} \subset D \cup D_1$. Für $k = 0$ sind die Operatoren V_1, V_2, V_3 unabhängig von $l(s)$, $L(s)$, M, (3.18) hat wegen $y(1) > 0$ die Lösung $s_0 = 0$, und (4.2) ist für genau ein s_1 erfüllt. Der Totalindex dieser Lösung von (3.15), (3.16), (3.20) ist

$$\operatorname{sign}\begin{vmatrix} 1 & -\dfrac{\partial V_3}{\partial s_1} & -\dfrac{\partial V_3}{\partial s_0} \\ -\dfrac{\partial V_4}{\partial M} & 1-\dfrac{\partial V_4}{\partial s_1} & -\dfrac{\partial V_4}{\partial s_0} \\ 0 & 0 & 1-\dfrac{\partial V_5}{\partial s_0}\end{vmatrix}$$

$$= \operatorname{sign}\left\{-\frac{b}{H}\left[b + \frac{I_2(s_1)}{I_1(s_1)}\right]\left[\frac{\partial}{\partial s_1}\left(\frac{I_2(s_1)}{I_1(s_1)}\right) + \pi\frac{\partial}{\partial s_1}\frac{1}{I_1(s_1)]}\right]\right\} = 1.$$

Der Abbildungsgrad ist daher auch 1 für $k = 1$, und das schlichte Totwasserproblem hat mindestens eine Lösung.

Literaturverzeichnis

[1] ALT, H. W., CAFFARELLI, L. A., FRIEDMAN, A., Axially symmetric jet flows. Arch. Rat. Mech. Anal. **2** (1983), 97

[2] BECKERT, H., Existenzbeweise permanenter Schwereschwellen einer inkompressiblen Flüssigkeit längs eines Kanals. Arch. Rat. Mech. Anal. **9** (1962), 379

[3] BECKERT, H., Existenzbeweis für permanente Kapillar-Schwereschwellen einer schweren Flüssigkeit entlang eines Kanals. Arch. Rat. Mech. Anal. **13** (1963), 15

[4] BECKERT, H., Potentialströmungen längs eines Kanals mit welliger Kanalsohle. Arch. Rat. Mech. Anal. **9** (1962), 395

[5] BECKERT, H., Existenzbeweis zur Kanaltheorie der Gezeiten. Arch. Rat. Mech. Anal. **18** (1965), 379

[6] BERG, P., The existence of subsonic Helmholtz flows of a compressible fluid. Comm. Purs Appl. Math. **16** (1962), 289

[7] BERG, P., A theorem on the boundary correspondence under conformal mapping with application to free boundary problems of fluid dynamics. Contribution to Analysis. Academic Press, New York and London 1974

[8] BEYER, L., Existenzbeweis für nichtwirbelfreie Schwereschwellen endlicher und unendlicher Tiefe. Dissertation Univ. Leipzig 1971

[9] BEYER, K., Existenzbeweis für ein Randwertproblem mit freiem Rand. Arch. Rat. Mech. Anal. **23** (1966), 15

[10] CAFFARELLI, L. A., FRIEDMAN, A., Axially symmetric infinite cavities. Indiana Un. Math. J. **31** (1982), 135

[11] DEMTSCHENKO, Problèmes mixtes harmoniques en hydrodynamique des fluides parfaits. Gauthier-Villars, Paris 1933

[12] GILBERG, D., Comparison methods in the theory of subsonic flows. Journal of Rational Mech. Anal. **2** (1953), 233

[13] GILBERG, D., SERRIN, I., Free boundaries and jets in the theory of cavitation. Journal of Mathematics and Physics **29** (1950), 1

[14] GILBERG, D., Uniqueness or axially symmetric flows with free boundaries. Journal of Rational Mech. Anal. **1** (1952), 309

[15] HELMHOLTZ, H., Über diskontinuierliche Flüssigkeitsbewegungen. Monatsberichte der Berliner Akademie, 1868, 215

[16] HILBIG, H., Existenzsatz für begrenzte Potentialströmungen mit Totwasser um ein vorgegebenes Hindernis. Sitzungsber. der Sächsischen Akademie der Wissenschaften zu Leipzig, 105 (7)

[17] HILBIG, H., Existenzbeweis für Potentialströmungen längs eines Kanals mit welliger Sohle unter Einfluß von Schwerkraft und Oberflächenspannung. Arch. Rat. Mech. Anal. **18** (1965), 397

[18] KRAVTSCHENKO, J., Sur le problème de reprèsentation conforme d'Helmholtz. Journal de Mathématiques **20** (1941), 149

[19] KOLSCHER, M., Unstetige Strömungen mit endlichem Totwasser. Luftfahrtforschung **17** (1940), 154

[20] Lavrentieff, M., On certain properties of univalent functions and their application to wake theorie. Math. Sbornik **46** (1938), 331

[21] Leray, J., Les problèmes de reprèsentation conforms d'Helmholtz. Commentarii Mathematici Helvetici **8** (1935), 149

[22] Magnus, W., Oberhettinger, F., Formeln und Sätze für die speziellen Funktionen der mathematischen Physik. Springer-Verlag, Berlin 1948

[23] Oudart, A., Sur le schéma de Helmholtz-Kirchhoff. Journal de Mathématiques **22** (1943), **23** (1944)

[24] Schmieden, C., Über die Eindeutigkeit der Lösungen in der Theorie der unstetigen Strömungen. Ingenieur-Archiv **3** (1932), 356

[25] Serrin, I., Existence theorems for some hydrodynamical free boundary problems. Journal of Rational Mech. Anal. **1** (1952), 1

[26] Serrin, I., Uniqueness theorems for two free boundary problems. American Journal of Mathematics **74** (1952), 492

[27] Tannery, I., Molk, I., Elements de la thèorie de functions elliptiques. Gauthier-Villars, Paris 1896

[28] Thiery, R., Sur solutions multiples des problèmes d'hydrodynamique relatifs aux mouvements glissants. Annales de l'Ecole norm. sup. **38** (1921), 229

[29] Villat, H., Sur le résistance des fluides. Annales de l'École norm. sup. **28** (1911), 203

[30] Villat, H., Sur le mouvement d'un solide donné dans une fluide limité par une paroi fixe. Journal de Mathématiques **7** (1911), 353

[31] Villat, H., Le problème de Dirichlet dans une aire annulaire. Rendiconti de Circolo Mathematico di Palermo **23** (1912), 134

[32] Warschawski, S., Über das Randverhalten der Ableitung der Abbildungsfunktion bei konformer Abbildung. Mathematische Zeitschrift **35** (1932), 321

[33] Weinstein, A., Non-linear problems in the theory of fluid motion with free boundaries. Proceedings of Symposia in Applied Mathematics **1** (1949), 1

[34] Weinstein, A., Les conditions aux limites introduites par l'hydrodynamique. L'Enseignement Mathèmatique **35** (1936), 107

[35] Zeidler, E., Topologischer Existenzbeweis für Kapillar-Schwerewellen. Math. Nachr. **49** (1971), 85

[36] Zeidler, E., Beiträge zur Theorie und Praxis freier Randwertaufgaben. Akademie-Verlag, Berlin 1971

[37] Zeidler, E., Existenzbeweis für cnoidal waves unter Berücksichtigung der Oberflächenspannung. Arch. Rat. Mech. Anal. **41** (1971), 81

[38] Zeidler, E., Existenzbeweise für Kapillar-Schwerewellen mit allgemeinen Wirbelverteilungen. Arch. Rat. Mech. Anal. **50** (1973), 34

[39] Zeidler, E., Existenzbeweise für asymptotische Wirbelwellen. Beiträge zur Analysis **3** (1972), 109

[40] Zeidler, E., Existenz einer Gasblase in einer Parallel- und Zirkulationsströmung unter Berücksichtigung der Schwerkraft. Beiträge zur Analysis **3** (1972), 67

SITZUNGSBERICHTE DER SÄCHSISCHEN AKADEMIE DER WISSENSCHAFTEN ZU LEIPZIG

MATHEMATISCH-NATURWISSENSCHAFTLICHE KLASSE

Band 112

Heft 1 Prof. Dr. WALTER BREDNOW, Spiegel, Doppelspiegel und Spiegelungen – eine „wunderliche Symbolik" Goethes 1975. 28 Seiten – 4 Abbildungen – 8° – M 3,–

Heft 2 Prof. Dr. ARTHUR LÖSCHE, Über negative absolute Temperaturen. Eine Einführung 1976. 26 Seiten – 12 Abbildungen – 8° – M 4,–

Heft 3 Prof. Dr. med HERBERT JORDAN, Kurorttherapie: Prinzip und Probleme 1976. 31 Seiten – 10 Abbildungen – 1 Tabelle – 8° – M 4,50

Heft 4 Prof. Dr. FRIEDRICH WOLF / Dr. PETER FRÖHLICH, Zur Druckabhängigkeit von Ionenaustauschreaktionen 1977. 13 Seiten – 6 Abbildungen – 1 Tabelle – 8° – M 2,–

Heft 5 Prof. Dr DIETRICH UHLMANN, Möglichkeiten und Grenzen einer Regenerierung geschädigter Ökosysteme 1977 50 Seiten – 20 Abbildungen – 2 Tabellen – 8° – M 6,50

Heft 6 Prof. Dr. ERICH RAMMLER, Zwei Jahrzehnte Entwicklung des Einsatzes der Energieträger Kohle und Erdöl im Weltmaßstab 1977 29 Seiten – 6 Abbildungen – 4 Tabellen – 8° – M 4,–

Heft 7 Prof. Dr. ULRICH FREIMUTH, Umweltprobleme in der Ernährung 1977 32 Seiten – 3 Abbildungen – 4 Tabellen – 8° – M 4,–

Band 113

Heft 1 Prof. Dr. ERICH LANGE, Allgemeingültige Veranschaulichung des II. Hauptsatzes 1978. 22 Seiten – 10 grafische Darstellungen – 8° – M 4,–

Heft 2 Prof. Dr. HERBERT BECKERT, Bemerkungen zur Theorie der Stabilität 1977. 19 Seiten – 8° – M 2,50

Heft 3 Prof Dr sc. KLAUS DÖRTER, Probleme und Erfahrungen bei der Entwicklung einer intensiven landwirtschaftlichen Produktion im Landschaftsschutzgebiet des Harzes 1978. 20 Seiten – 6 Abbildungen, davon 4 farbige auf 2 Tafeln – 2 Tabellen – 8° – M 7,–

Heft 4 Prof. Dr. sc. med. HANS DRISCHEL, Elektromagnetische Felder und Lebewesen 1978. 31 Seiten – 14 Abbildungen – 2 Tabellen – 8° – M 5,–

Heft 5 Prof. Dr MANFRED GERSCH, Wachstum und Wachstumsregulatoren der Krebse Biologische Erkenntnisse und generelle Erwägungen 1979. 32 Seiten – 13 Abbildungen – 1 Tabelle – 8° – M 6,–

Heft 6 Prof. Dr. rer nat. FRIEDRICH WOLF / Dr rer nat. URSULA KOCH, Über den Einfluß der chemischen Struktur von Dispersionsfarbstoffen auf deren Dispersionsstabilität 1979. 18 Seiten – 3 Abbildungen – 10 Tabellen – 8° – M 3,50

Heft 7 Prof. Dr. rer nat. FRIEDRICH WOLF / Dr rer. nat. WOLFGANG HEYER, Zur Sorption an Tetracalciumaluminathydroxysalzen 1980. 12 Seiten – 5 Abbildungen – 4 Tabellen – 8° – M 2,–

Band 114

Heft 1 Prof. Dr HASSO ESSBACH, Morphologisches zur orthologischen und pathologischen Differenzierung und zum Anpassungs- und Abwehrvermögen der menschlichen Placenta 1980. 19 Seiten – 12 Abbildungen – 8° – M 4,–

Heft 2 Prof. Dr med WERNER RIES, Risikofaktoren des Alterns aus klinischer Sicht 1980. 19 Seiten – 9 Abbildungen, davon 1 Abbildung auf Tafel – 8° – M 4,–

Heft 3 Prof. Dr. OTT-HEINRICH KELLER, Anschaulichkeit und Eleganz beim Alexanderschen Dualitätssatz 1980. 19 Seiten – 8° – M 4,–

Heft 4 Prof. Dr. rer nat. BENNO PATHIER, Die cytologische Symbiose am Beispiel der Biogenese von Zellorganellen 1981. 29 Seiten – 16 Abbildungen – 2 Tabellen – 8° – M 6,–

Heft 5 Prof. Dr. F WOLF / Dr. S. ECKERT / Dr. M. WEISE / Dr. S. LINDAU, Untersuchungen zur Synthese und Anwendung bipolarer Ionenaustauschharze 1980. 12 Seiten – 6 Tabellen – 8° – M 2,–

Heft 6 Prof. Dr. med. HERBERT JORDAN, Balneobioklimatologie – Eine Zielstellung im Mensch-Umwelt-Konzept 1981. 25 Seiten – 8 Abbildungen – 1 Tabelle – 8° – M 4,–

Band 115

Heft 1 Prof. Dr rer nat. HERMANN BERG, Wilhelm Ostwald – Erkenntnisse über die Biosphäre
1981 36 Seiten – 7 Abbildungen – 3 Tabellen – 8° – M 6,–

Heft 2 Prof Dr sc. KLAUS DÖRTER, Aphorismen zur Qualität des Bewässerungswassers
1981. 31 Seiten – 11 Abbildungen – 11 Tabellen – 8° – M 6,–

Heft 3 Prof. Dr Ing. Dr rer nat. h. c. PAUL GÖRLICH, Die geschichtliche Entwicklung des wissenschaftlichen Gerätebaus und seine zukünftige Bedeutung 1981. 36 Seiten – 8° – M 6,–

Heft 4 Prof. Dr WOLFGANG BUCHHEIM, Albert Einstein als Wegbereiter nachklassischer Physik
1981. 29 Seiten – 8° – M 4,–

Heft 5 Prof. Dr -Ing HERBERT KRUG, Die Technologie der Brikettierung von Weichbraunkohle im Lichte der Verfahrenstechnik und der besseren Nutzung dieses Energieträgers
1982. 20 Seiten – 13 Abbildungen – 8° – M 3,–

Heft 6 Prof Dr ERNST NEEF, Der Verlust der Anschaulichkeit in der Geographie und das Problem der Kulturlandschaft 1981 34 Seiten – 8° – M 5,–

Band 116

Heft 1 Prof. Dr WERNER RIES, Studium zum biologischen Alter
1982. 27 Seiten – 10 Abbildungen – 8° – M 4,–

Heft 2 Prof. Dr RUDOLF SACHSENWEGER, Augenunabhängige optosensorische Wahrnehmungsformen
1983 19 Seiten – 8° – M 4,–

Heft 3 Prof Dr HANS-GEORG SCHÖPF, Die Griechen und die Natur 1983 62 Seiten – 8° – M 8,–

Heft 4 Prof. Dr Ing. JAN BENETIN, Mathematisches Modell für das Wachstum von landwirtschaftlichen Kulturen und seine Verwertung in der quantitativen Beurteilung des Bewässerungseffektes auf die Steigerung der Ernteerträge 1983 36 Seiten – 18 Abbildungen – 3 Tabellen – 8° – M 6,–

Heft 5 Prof. Dr HANS DRISCHEL †, Neues über die Pupille
1983. 30 Seiten – 26 Abbildungen – 8° – M 4,–

Heft 6 Prof Dr BENNO PARTHIER, Der Beitrag der Molekularbiologie zur Evolutionserkenntnis
1983 41 Seiten – 19 Abbildungen – 2 Tabellen – 8° – M 6,–

Heft 7 Prof Dr ADOLF WATZNAUER, Die Rolle des Radons (Isotp ^{222}Rn) als Umweltfaktor – eine Übersicht
1983. 34 Seiten – 3 Abbildungen – 4 Tabellen – 8° – M 5,–

Band 117

Heft 1 Prof. Dr sc. KLAUS DÖRTER, Einige Aspekte zum landeskulturellen Nutzen des Meliorationswesens
1984. 31 Seiten – 10 Abbildungen – 11 Tabellen – 8° – M 8,–

Heft 2 Prof. Dr. HERBERT BECKERT, Nichtlineare Elastizitätstheorie 1984. 58 Seiten – 8° – M 8,–

Heft 3 Prof. Dr. HERBERT JORDAN, Zur funktionellen Normalität des Menschen
1984. 29 Seiten – 15 Abbildungen – 1 Tabelle – 8° – M 4,–

Heft 4 Dr ARND BERNHARDT / KLAUS-DIETER JÄGER / KARL MANNSFELD / INGE HARTSCH, Beiträge zum Problemkreis des Landschaftswandels
1985. 101 Seiten – 3 Abbildungen – 5 Tabellen – 2 Übersichten – 8° – M 14,–

Heft 5 Prof. Dr. OTT-HEINRICH KELLER, Das Zählen als angeborene Verhaltensweise
1984. 36 Seiten – 11 Abbildungen – 8° – M 6,–

Heft 6 Prof. Dr WOLFGANG BUCHHEIM, Komplementarität nach Niels Bohr – physikgeschichtliche Episode oder universale Kategorie von Ergänzung? 1984. 30 Seiten – 3 Tabellen – 8° – M 4,–

Heft 7 Prof. Dr. BENNO PARTHIER, Gene, Gentechnik, Genmanipulation
1984. 28 Seiten – 7 Abbildungen – 8° – M 4,–

Band 118

Heft 1 Prof. Dr HANS JÜRGEN RÖSLER, Geowissenschaften und Geochemie
1985. 25 Seiten – 11 Abbildungen – 8° – M 4,–

Heft 2 Prof. Dr. HERBERT BECKERT, Axiomatik – Mathematik und Erfahrung
1985 19 Seiten – 8° – M 3,–

Heft 3 Prof. Dr HERMANN BERG, Zellfusion, Transformation und Pharmakainkorporation durch Elektrostimulation 1985 27 Seiten – 15 Abbildungen – 8° – M 4,–

Heft 4 Prof. Dr. N. JOACHIM LEHMANN, Die analytische Maschine, Grundlagen einer Computer-Analytik
1985. 64 Seiten – 5 Abbildungen – 8° – M 4,–

Heft 5 Prof. Dr. DIETRICH UHLMANN, Die anthropogene Eutrophierung der Gewässer – Ein umkehrbarer Prozeß?
1985. 32 Seiten – 16 Abbildungen – 8° – M 4,–

Heft 6 Prof. Dr. FRIEDRICH WOLF, Dr. MAGDALENE WEISE, Der Sirotherm-Prozeß – Ein Verfahren zur rationellen Wasserentsalzung
1986. 31 Seiten – 12 Abbildungen – 7 Tabellen – 8° – M 4,–

Heft 7 Prof. Dr. HERBERT JORDAN, Prof. Dr. WOLFGANG BUCHHEIM, Modellversuche zum Vervoreffekt nach V. VOUK unter biophysikalischen Gesichtspunkten
1986. 52 Seiten – 14 Abbildungen – 11 Tabellen – 8° – M 7,–

Band 119

Heft 1 Prof. Dr. WERNER RIES, Methoden und Erkenntnisse der Alternsforschung
1986. 31 Seiten – 20 Abbildungen – 8° – M 4,–

Heft 2 Prof. Dr. HEINZ PENZLIN, Die Erscheinung des Lebendigen in unserer Welt
1986. 91 Seiten – 10 Abbildungen – 3 Tabellen – 8° – M 12,–

Heft 3 Prof. Dr. HANS-HEINZ EMONS, Dr. sc. phil. Dr. rer. nat. HANS-HENNING WALTER, Historische Entwicklung und zukünftige Tendenzen der Siedesalz-Produktion unter besonderer Berücksichtigung der ehemaligen Salinen im sächsisch-thüringischen Raum
1986. 42 Seiten – 19 Abbildungen – 4 Tabellen – 8° – M 6,–

Heft 4 Prof. Dr. HERBERT JORDAN, „Basimetry“: Ansätze einer chronotherapeutischen Urteilsbildung
1987. 31 Seiten – 16 Abbildungen – 1 Tabelle – 8° – M 4,–

Heft 5 Dr. sc. HARALD HILBIG, Existenzsätze für einige Totwasserprobleme der Hydrodynamik
Vorliegendes Heft

Einzel- oder Fortsetzungsbestellungen durch eine Buchhandlung erbeten

Sitzungsberichte bis Band 108
durch das Zentralantiquariat der Deutschen Demokratischen Republik, Leipzig
ab Band 109 durch die Universitätsbuchhandlung, 7010 Leipzig, zum Teil noch lieferbar

THEORIA CUM PRAXI

AKADEMIE-VERLAG

DDR-1086 Berlin, Leipziger Straße 3–4

ISBN 3-05-500331-4
ISSN 0371-327 X

Kolibri 360 GmbH
Ferdinand-Jühlke-Straße 7
99095 Erfurt, Deutschland
produktsicherheit@kolibri360.de